U0173320

工程热力学实验

主　编　费景洲
副主编　徐长松　王　迪
主　审　宋福元

哈尔滨工程大学出版社
Harbin Engineering University Press

内 容 简 介

本书内容主要包括绪论、测量误差分析与数据处理、工程热力学实验以及参考文献和附录。绪论介绍了工程热力学研究任务、研究内容和教学特点，阐述了实验教学对工程热力学课程教学的重要性，提出了工程热力学实验教学的基本要求。测量误差分析与数据处理介绍了实验测量误差分析、不确定度表示、有效数字表示等方面的基本理论和方法。工程热力学实验项目包括气体温度计的标定、空气绝热系数测量实验等，实验内容涵盖热力学常用工质热物性测试、流动性能测试、宏观物理现象观测和气体动力循环分析等方面。附录给出了饱和水蒸气压力表等常用表格和部分实验仪器的使用说明。

本书可作为高等学校工程热力学课程的实验教材。

图书在版编目(CIP)数据

工程热力学实验/费景洲主编.—哈尔滨：哈尔滨工程大学出版社，2024.3
ISBN 978-7-5661-4290-0

Ⅰ.①工… Ⅱ.①费… Ⅲ.①工程热力学-实验-高等学校-教材 Ⅳ.①TK123-33

中国国家版本馆 CIP 数据核字(2024)第 040408 号

工程热力学实验
GONGCHENG RELIXUE SHIYAN

选题策划 马佳佳
责任编辑 马佳佳
封面设计 李海波

出版发行	哈尔滨工程大学出版社
社　　址	哈尔滨市南岗区南通大街 145 号
邮政编码	150001
发行电话	0451-82519328
传　　真	0451-82519699
经　　销	新华书店
印　　刷	哈尔滨市海德利商务印刷有限公司
开　　本	787 mm×1 092 mm　1/16
印　　张	9.75
字　　数	232 千字
版　　次	2024 年 3 月第 1 版
印　　次	2024 年 3 月第 1 次印刷
书　　号	ISBN 978-7-5661-4290-0
定　　价	38.50 元

http://www.hrbeupress.com
E-mail:heupress@hrbeu.edu.cn

前 言

本书为编者在 2012 版《工程热力学实验》的基础上，修订实验基础理论知识、增减实验项目而成。本次修订力求知识体系完备、教学内容完整、表达叙述简要。

本书新增空气热机效率测量实验、内燃机循环实验、朗肯循环蒸气动力装置性能实验共 3 个气体动力循环特性分析实验，解决了 2012 版《工程热力学实验》中气体动力循环实验项目缺失、实验体系不完整的问题；重新编写了饱和蒸气压力和温度关系实验、气体定压比热容实验，以满足实验设备更新换代的需要；重新修订了绪论和测量误差分析与数据处理方面的基础理论内容。本书配套了虚拟仿真实验教学项目和教学短视频等线上教学资源，通过线上、线下相结合的方式，帮助学生全面理解和掌握工程热力学知识，提升学生自主学习能力。

本书主要包括工程热力学实验基础理论和实验项目两个部分。

工程热力学实验基础理论针对工程热力学实验数据分析、处理需求，简要介绍了实验测量误差分析、不确定度表示、有效数字表示等方面的基本理论和方法。理论介绍力求简单实用，并能够有效指导学生的实验数据分析、处理工作。

工程热力学实验项目主要包括气体温度计的标定、空气绝热系数测量实验、二氧化碳综合实验、饱和蒸气压力和温度关系实验、空气在喷管内流动性能测定实验、气体定压比热容实验、燃料发热量的测定、空气热机效率测量实验、内燃机循环实验、朗肯循环蒸气动力装置性能实验。

本书实验项目设计侧重于热力学基本理论理解和综合实践能力锻炼，实验知识内容基本覆盖了能源动力类专业的工程热力学课程知识体系。相关院校可根据专业教学需要，选择其中部分实验项目，作为工程热力学课程的配套实验项目。本书所配套的线上教学资源详见哈尔滨工程大学动力与能源工程学院船舶动力技术实验教学中心网站。教学资源会根据教学需要不断调整、更新。

本书由费景洲任主编，徐长松、王迪任副主编。费景洲编写了第 1 章、第 2 章以及第 3 章的空气绝热系数测量实验和空气热机效率测量实验；徐长松编写了第 3 章的内燃机循环实验、朗肯循环蒸气动力装置性能实验；王迪编写了第 3 章的饱和蒸气压力和温度关系实验，修订了空气在喷管内流动性能测定实验。

本书主审为宋福元。宋福元是 2012 版《工程热力学实验》的主审专家，为本次修订提供了全面的支持和帮助，在这里对其表示衷心的感谢！同时也向 2012 版《工程热力学实验》的编者张国磊、孙凤贤、张鹏、李晓明等老师表示感谢!

    本书在修订过程中参考了部分设备厂商提供的实验设备说明书及相关资料,也吸收和借鉴了工程热力学方向有关教材的部分内容,在此一并表示感谢!

    由于编者的水平有限,书中难免有不妥之处,敬请读者和专家批评指正。

编者

2023 年 12 月

目　录

第1章 绪　　论

1.1　概　　述

　　能源是指能够提供各种能量的物质资源,是人类社会发展不可或缺的重要资源。自然能源的开发和利用水平是人类文明与科技进步的重要标志。

　　了解和掌握能源开发利用的基本知识,对能源动力类、机械类、材料与化学类、建筑与环保类等工科专业的学生来说是十分必要的。随着经济社会的发展和环保意识的不断增强,经济管理、人文社科等非工科专业学生,也要求掌握一定的能源利用知识。

　　自然界中可被人们利用的能源主要有天然气、煤炭、石油等矿物燃料的化学能,以及风能、水力能、太阳能、地热能、原子能、生物质能等。除了风能(风力发电)、水力能(水力发电)等不需要热能转化就能够直接转化为电能外,其他大部分能源都是通过热能的形式被利用的。据统计,85%以上的能量是通过热能形式被利用的。各类能源通过热能转化利用的主要形式如图1.1所示。

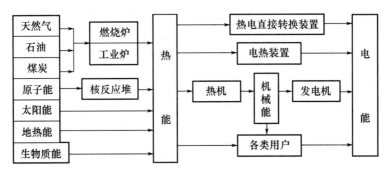

图 1.1　各类能源通过热能转化利用的主要形式

　　热能是最常见的能源利用形式,工程热力学正是研究热能利用及其转化规律的一门学科。工程热力学主要研究内容包括:能量转化的客观规律、工质的基本热力学性质、各种热工设备的工作过程和燃料燃烧的物理化学问题。工程热力学的主要任务是研究影响能量转换效果的关键因素、寻找高效率的能量转换途径、提高能量的利用效率。

　　工程热力学主要采用宏观热力学的研究方法。宏观热力学不考虑物质的微观结构,而是把物质看作一个整体系统,采用温度、压力、体积等宏观的物理量来描述系统状态,通过大量的观测和实验,总结出热力学基本定律(主要指热力学三个基本定律)。热力学基本定律是经过大量实验验证的普遍规律,具有良好的可靠性和普适性。工程热力学在假定热力学基本定律为普遍真理的基础上,经过严密推理,推导出描述热力学状态的物理量之间的普遍关系,揭示出热力学变化过程的方向和限度。简言之,工程热力学的理论大厦是构建在热力学三个基本定律这个基石之上的。

工程热力学是一门在实践中成长起来的应用科学,解决工程实际问题是工程热力学的出发点和落脚点。对工程实际问题的分析思路是,通过抽象、概括、理想化等方式对实际系统进行简化处理,抽取出其中的共性问题,将难以描述的复杂实际现象转化为本质突出的简化模型。比如将空气、燃气等看作理想气体,将实际不可逆过程视为可逆过程。利用热力学相关原理进行分析计算,根据经验修正计算结果,满足工程实际需要。从本质上讲,工程热力学是一门实践科学,具有强烈的实践属性。

从工程热力学的发展历程上看,实验、实践对学科发展至关重要。从最初的蒸汽机引发工业革命,到后来的内燃机、燃气轮机和汽轮机,不断改变人们的生产生活方式,推动人类的科技发展和社会进步。这些热能动力机械的发明,基本上是按照"实验—实践—改进"的技术路线发展的,这当中实验、实践起到至关重要的作用,甚至可以说实验、实践走在了理论的前面。工程热力学正是在实验、实践的不断深入、对热的本质和能量转换规律认识不断提高的基础上发展起来的。未来随着科学技术的发展,对热能和机械能转化理论的研究不断深入,各种新能源和清洁能源的转化利用装置会相继出现,人类对能源的认识和利用将达到一个新的阶段。在这一过程中,实验、实践也必将继续发挥重要作用。

从高校人才培养的角度上看,实验、实践是创新型人才培养的必由之路。工程热力学实验是工程热力学课程的实践环节。通过工程热力学实验,学生进一步强化对工程热力学基本理论的理解,掌握工程热力学的重要理论知识和基本实验技能,具有通过综合应用所学知识分析和解决复杂工程实际问题的能力,具备团队协作精神和创新意识。

工程热力学实验主要目的和任务如下。

(1)通过对实验现象的观察、分析、研究,加深对本学科所涉及的工程热力学理论基础知识的理解和掌握。

(2)能够综合运用多学科知识分析本学科所涉及的实际热力系统,具备解决工程实际问题的能力。

(3)培养团队合作精神、创新精神,提升环保意识和社会责任感。

1.2　工程热力学实验要求

工程热力学实验的根本任务是帮助学生加强对工程热力学重要知识内容的理解,做到融会贯通、活学活用。本书围绕工程热力学的重要知识点,设置了常见工质热物性参数测量、热力学典型状态现象观测、热力学经典理论验证、系统循环热效率分析等方面的实验内容。

在实验类型选择上,工程热力学实验注重减少知识内容比较单一的演示验证性实验项目,增加综合性实验、设计性实验,培养学生综合实践能力和设计创新能力;在必修实验项目的基础上,增加一定量的选修实验项目,给学生自主选择的空间,满足不同类型学生的需要;适当增加研究性实验项目,通过高水平科研成果转化、学生科技创新作品转化等方式,形成研究性实验项目库,为学生提供内容丰富、形式多样的研究性实验项目。通过统筹科研资源、科研实验室面向本科生开放、鼓励本科生进科研实验室参与科研项目等多种形式,提升本科生的科研能力。

实验教学环节主要包括实验预习、实验操作、编写实验报告等几个方面,各环节的具体要求如下。

1.2.1 实验预习

实验预习的目的是做好实验前的各项准备工作,包括学习实验原理、熟悉实验设备、知悉实验方案、掌握实验要点等。实验预习是实验教学中的关键环节,为保证实验教学质量,要求学生在实验前认真做好实验预习工作。实验预习内容应包括以下几方面。

(1)认真学习教材知识,明确实验目的及相关理论知识,了解实验测试内容、实验步骤、实验方法和实验操作安全注意事项等内容。

(2)按照实验教材指导完成实验预习报告,重点掌握实验原理、关键设备、实验要点、实验注意事项等内容;设计完成实验记录表格。

(3)为帮助学生更好地学习和掌握实验要点,本书中部分实验项目配备了对应的虚拟仿真实验项目。虚拟仿真实验以实验室设备为蓝本,实验仪器、实验过程、实验结果等各方面,与实验室真实实验保持高度一致。虚拟仿真实验资源采用线上模式,便于学生课前预习、课后学习和平时自主学习。

1.2.2 实验操作

(1)进入实验室后,按照实验室规定,按学号和座位(或仪器编号)要求进行分组,填写"仪器使用及维护情况记录"等实验室登记簿。

(2)实验指导教师对关键环节进行讲解,学生应对照实验室设备认真听讲,了解实验仪器构造、工作原理及操作方法,掌握实验仪器的正确操作方法和实验操作步骤。

(3)在实验指导教师检查实验预习报告合格后,经实验指导教师同意,进行实验操作,具备测试条件后,方可开始实验测试。在达到实验要求的测试条件后,准确记录测试数据。

(4)实验测试结束后,所记录的实验数据须经实验指导教师确认合格后签字。没有实验指导教师签字的数据视为无效数据,不能用作编写实验报告。实验测试记录的数据为实验取得的原始数据,不得随意进行更改。

(5)实验完成后,学生应将实验仪器、桌椅等实验室设备设施整理复原,经实验指导教师同意后离开实验室。

(6)学生应认真阅读并严格遵守实验室规程,注意实验室水、电等涉及安全事项的操作要求,确保实验操作安全。

1.2.3 撰写实验报告

实验报告是对实验过程的全面总结。实验报告应采用简明扼要的形式将实验结果完整、准确地表达出来。撰写严谨、准确的实验报告是学生科研能力培养的重要环节。

实验报告要求字迹清晰、语句通顺、叙述简练,数据真实、完整,表格规范。实验报告主要包括以下几方面。

(1)实验名称、日期、班级、姓名、学号。

(2)实验目的与要求。

(3)主要仪器的名称、规格、编号。

(4)基本原理与主要公式:列出实验所依据的主要原理、基础理论及计算公式,应掌握公式中各物理量的含义及公式应用范围等。

(5)实验主要内容及简要步骤。

(6)实验数据表格与数据处理(经实验指导教师签字的原始数据应作为独立附录):将原始数据重新整理,根据误差理论认真进行数据处理,得到正确表述的实验结果。

(7)结果分析及讨论:对实验结果进行分析、讨论,回答思考题及教师布置的习题。通过分析讨论解决测量与数据处理中出现的问题,对实验中发现的现象进行解释,对实验装置及测试方法提出改进意见等。

需要指出的是,本书中给出的实验设计是一种相对成熟、完善的实验方案。同学们在完成实验项目并对实验内容有了深入的了解后,可以尝试探索改进实验方法、优化实验方案、提高实验精度。在实践探索中攻克难题带来的成就感和经验体会,完全不同于传统的课堂学习和答卷考试,希望同学们积极探索、收获满满。

第2章 测量误差分析与数据处理

测量是获取实验数据的主要手段。大部分物理量的测量都是由测量人员使用测量仪器,在一定条件下按照一定的测量方法进行的。在一定条件下,物理量的真值是客观存在的,测量的目的是力图获得物理量的真值。在实际测量时,由于受测量仪器、测量方法、测量人员等因素的影响,测量值只能是接近于真值的近似值。测量值与真值之差称为误差。误差总是存在的,任何测量结果都不可避免地存在误差。测量误差分析就是研究测量过程中误差产生的原因、误差性质、误差大小,寻求减小误差的办法,准确评价测量精度。

2.1 测 量 误 差

2.1.1 测量及其分类

测量就是比较待测量与计量标准量之间的倍数关系。测量结果包括数值和单位两部分,其中倍数值称为数值,计量标准量称为单位。

根据测量方式,测量可以分为直接测量和间接测量。直接测量是指从仪器或量具上直接读出待测量值大小的测量方式。例如,用温度计测量温度、用秒表测量时间、用天平测量质量等都属于直接测量。间接测量是指在无法对物理量进行直接测量的情况下,通过对若干个可直接测量的其他物理量进行计算来获得测量值。比如,利用皮托管测量空气流速,先测量流过空气的动压、静压,然后通过计算得到空气流速(风速);空气质量流量测量也是间接测量,在获得空气流速基础上,再测量空气温度、空气流动截面面积等物理量,最后通过计算得到空气质量流量。

根据测量条件是否相同,测量可分为等精度测量和不等精度测量。对某个物理量进行多次测量时,在相同的测量条件下进行的一系列测量是等精度测量;测量条件完全不同或部分不同情况下的测量,称为不等精度测量。对某一待测量进行多次测量时,测量仪器、测量方法、测量人员的变化都会导致测量条件发生变化,测量类型应该都属于不等精度测量。事实上,多次测量时要保持测量条件完全相同是极其困难的。换句话说,严格意义上的等精度测量是难以实现的。在实际的测量过程中,当测量条件变化很小,或者测量条件变化对测量结果影响较小时,测量过程可视为等精度测量。

等精度测量对测量误差分析非常重要,本章接下来要介绍的随机误差分析、系统误差分析等测量误差分析理论,都是建立在等精度测量的基础上的。实际上,科学研究过程中开展的实验测量,绝大多数都被作为等精度测量对待。本书第3章工程热力学实验中的多次测量过程,都视为等精度测量。

2.1.2　真值与误差

真值即真实值,在一定条件下,被测量量客观存在的实际值。真值在不同场合有不同的含义,一般说的真值是指理论真值、规定真值、相对真值。

1. 理论真值

理论真值也称绝对真值,如平面三角形三内角之和恒为 180°。

2. 规定真值

国际上公认的某些基准量值,比如 2019 年国际计量大会(CGPM)修订了"米"的定义:1 米等于光在真空中于 1/299 792 458 秒的时间内所经过的路线的长度。这个米基准就当作计量长度的规定真值。

3. 相对真值

计量器具按精度不同分为若干等级,高一等级标准器的指示值可作为下一等级的真值,此时的真值是相对下一等级标准器而言的。例如,在力值的传递标准中,用二级标准测力仪校准三级标准测力仪,此时二级标准测力仪的指示值即为三级标准测力仪的相对真值。

测量的目的就是力图得到被测量的真值。一个测量值 x 与真值 x_0 之间总是存在差值,这个差值称为测量误差 Δx,即

$$\Delta x = x - x_0 \tag{2.1}$$

式中的测量误差 Δx 常称为绝对误差,是一个有量纲的数值,它表示测量值偏离真值的程度,一般保留 1 位有效数字。

为了消除绝对误差中量纲的影响及更准确地描述误差,引入了"相对误差"概念。相对误差为测量误差的绝对值与真值的比值,用 E_x 表示:

$$E_x = \frac{|\Delta x|}{x_0} \times 100\% \tag{2.2}$$

相对误差是一个无量纲量,常常用百分比来表示测量准确度的高低,一般保留 1 或 2 位有效数字。

2.1.3　误差的分类

误差产生的因素是多种多样的。从误差因素的内在规律、对测量结果的影响程度等方面来划分,误差可分为系统误差、随机误差和过失误差三类。

1. 系统误差

由某些确定性因素引起的、测量结果呈现出一定规律性的误差称为系统误差。比如在相同条件下,多次测量同一物理量时,误差的大小恒定、符号总偏向一方、按照某一确定的规律变化,这些误差都可视为系统误差。

(1)系统误差来源

系统误差主要来自以下几个方面。

①仪器误差。由仪器本身的缺陷或仪器没有按照规定条件使用造成的,如温度计零刻度不在冰点、仪器的水平或铅直未调整等。

②理论误差。由实验方法本身不完善或测量所依据的理论公式的近似性造成的,例如,称量轻物体的质量时忽略了空气浮力的影响、推导理论公式时没有把散热和吸热考虑在内等。

③环境误差。受环境影响或仪器没有按规定的条件使用引起的。例如,标准电池是以20 V 时的电动势数值为标称值的,若在 30 V 条件下使用时,如不加以修正,则会产生系统误差。

④个人误差。由观测者本人生理或心理特点造成的,如动态滞后、读数有偏大或偏小的痼癖等。

系统误差在特征上表现为恒值系统误差和变值系统误差两种形式。同一物理量在相同条件下进行多次测量时,误差的绝对值和符号保持不变的称为恒值系统误差;误差在测量过程中呈现规律性变化的称为变值系统误差。变值系统误差根据数值的变化规律又可以分为线性系统误差和非线性系统误差。

系统误差是影响测量精度的主要因素。如果系统误差很小,测量结果就会相当准确。测量过程中应当尽可能了解系统误差来源,尽量消除系统误差的影响,设法估算或者确定系统误差值,有效提高测量精度。

(2)系统误差消除方法

常用的系统误差消除方法主要包括以下几种。

①零示法。消除指示仪表的指示偏差,比如在使用电位差计、天平等仪器时,应尽可能消除平衡指针的指示偏差。

②替代法。在一定测量条件下,用高精度的已知量代替被测量,调整标准量以使仪器显示读数不变。此时,所使用的标准量即为被测量的测量结果。基于电桥电路平衡条件的测量方法是替代法的一个典型应用。

③变换法。将测量中的某些条件(比如被测物位置)进行交换,使产生系统误差的因素相互抵消。比如通过交换位置消除天平不等臂产生的系统误差。

④预检法。预检法是一种检验和发现测量仪器系统误差的常用方法。利用高精度的基准仪器对测量仪器进行校准,得到测量仪器的修正量或修正曲线。比如利用基准仪器和测量仪器对同一个物理量进行多次测量,记录基准仪器的读数平均值与测量仪器平均值之差,这个差值可以看作测量仪器的系统误差。测量时,可以利用这个系统误差对测量结果进行修正。

2. 随机误差

在极力消除或修正明显的系统误差之后,在同一条件下多次测量同一物理量时,测量结果仍会出现一些无规律的起伏变化。这种在同一条件下的多次测量过程中,绝对值和符号以不可预知的方式变化的测量误差称为随机误差,随机误差有时也称为偶然误差。随机误差是实验中各种因素的微小变动引起的,这些微小变动主要包括如下几方面。

(1)实验装置的变动性,如仪器精度不高、稳定性差、测量示值变动等。

（2）观测者本人在判断和估计读数上的变动性。这主要指观测者的生理分辨本领、感官灵敏程度、手的灵活程度及操作熟练程度等带来的误差。

（3）实验条件和环境因素的变动性，如气流、温度、湿度等微小的、无规则的起伏变化，电压的波动以及杂散电磁场的不规则脉动等。

这些因素的共同影响使测量结果围绕测量的平均值发生涨落变化，其变化量就是各次测量的随机误差。就某一单次测量而言，随机误差的出现是没有规律的。当测量次数足够多时，随机误差服从统计分布规律，可以用统计学方法估算随机误差。

3. 过失误差

过失误差是测量过程中由于测量者的过失造成的误差。过失误差具有明显的不合理性，对含有过失误差的测量结果应舍弃不用。相对于系统误差和随机误差，过失误差比较容易发现。在实验数据处理过程中，通常采用莱依特准则、格拉布斯准则、肖维纳准则等方法来剔除异常数据（过失误差值）。限于篇幅，这里不详细介绍过失误差的处理方法，感兴趣的同学可以查阅相关资料。

实验数据的处理，通常先筛选出测量结果中的过失误差，再剔除掉系统误差，最后根据随机误差分析方法确定测量结果的精度。

应当指出的是，对随机误差进行概论统计分析处理时，是在完全排除了系统误差和过失误差的前提下进行的。此时认为系统误差和过失误差不存在或已修正，或者其影响较小可以忽略不计，系统的误差主要是随机误差。

随机误差的分布可以分为正态分布和非正态分布两大类。对大多数测量而言，随机误差分布都服从正态分布规律。下面介绍随机误差的正态分布规律。

2.1.4 随机误差的分布规律与特性

随机误差是由许多未知和微小因素综合影响产生的，就某一测量值来说是没有规律的，其大小和方向都是不能预知的。但对同一物理量进行多次测量时，则发现随机误差的出现服从某种统计规律。理论和实践证明，在等精度测量中，当测量次数 n 很大时（理论上 $n \to +\infty$），随机误差接近于正态分布（即高斯分布）。

标准化的正态分布曲线如图 2.1 所示。图中横坐标 $\Delta x = x_i - x_0$ 表示随机误差，纵坐标表示对应的误差出现的概率密度 $f(\Delta x)$，应用概率论方法可导出

$$f(\Delta x) = \frac{1}{\sigma \sqrt{2\pi}} \exp\left[-\frac{(\Delta x)^2}{2\sigma^2}\right] \tag{2.3}$$

式中的特征量 σ 为

$$\sigma = \sqrt{\frac{\sum \Delta x_i^2}{n}} \quad (n \to \infty) \tag{2.4}$$

称为标准误差，其中 n 为测量次数。

服从正态分布的随机误差具有如下特征。

1. 单峰性

概率密度的峰值只出现在零误差附近。绝对值小的误差比绝对值大的误差出现的概率大。

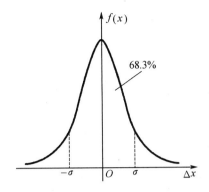

图2.1　标准化的正态分布曲线

2. 对称性

绝对值相等的正误差和负误差出现的概率相等。

3. 有限性

在一定的测量条件下,绝对值大的误差出现的概率趋于零。

4. 抵偿性

随机误差的算术平均值随着测量次数的增加而趋于零,即

$$\lim_{n \to \infty} \frac{1}{n} \sum_{i=1}^{n} \Delta x_i = 0$$

也就是说,若测量误差只有随机误差分量,即随着测量次数的增加,测量列的算术平均值越来越趋近于真值。则增加测量次数,可以减小随机误差的影响。抵偿性是随机误差最本质的特征,原则上具有抵偿性的误差都可以按随机误差的方法处理。

随机误差的大小常用标准误差表示。由概率论可知,服从正态分布的随机误差落在 $[\Delta x, \Delta x + \text{d}(\Delta x)]$ 区间的概率为 $f(\Delta x)\text{d}(\Delta x)$。由此可见,某次测量的随机误差为一确定值的概率为零,即随机误差只能以确定的概率落在某一区间内。

概率密度函数 $f(\Delta x)$ 满足下列归一化条件:

$$\int_{-\infty}^{+\infty} f(\Delta x)\text{d}(\Delta x) = 1 \tag{2.5}$$

误差出现在 $(-\sigma, +\sigma)$ 区间的概率 P 就是图2.1中该区间内 $f(\Delta x)$ 曲线下的面积。

$$P(-\sigma < \Delta x < +\sigma) = \int_{-\infty}^{+\infty} f(\Delta x)\text{d}(\Delta x) = \int_{-\sigma}^{+\sigma} \frac{1}{\sigma\sqrt{2\pi}} \exp\left[-\frac{(\Delta x)^2}{2\sigma^2}\right]\text{d}(\Delta x) = 68.3\%$$

$$\tag{2.6}$$

该积分值可由拉普拉斯积分表查得。

标准误差 σ 与各测量值的误差 Δx 有着完全不同的含义。Δx 是真实存在误差值,而 σ 并不是一个具体的测量误差值,它反映在相同条件下进行一组测量后,随机误差出现的概率分布情况只具有统计意义,是一个统计特征量,其物理意义是表征测量数据和测量误差分布离散程度的特征数。图2.2是不同标准误差值时的 $f(\Delta x)$ 曲线,$\sigma_2 < \sigma_1$。σ 值小,曲线陡且峰值高,说明测量值的误差集中,小误差占优势,各测量值的分散性小,重复性好;反

之,σ 值大,曲线较平坦,各测量值的分散性大、重复性差。

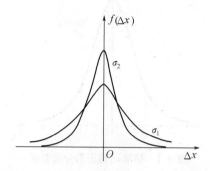

图 2.2　不同标准误差值的正态分布曲线

式(2.6)表明,做任一次测量,随机误差落在($-\sigma$,$+\sigma$)区间的概率为 68.3%。区间 ($-\sigma$,$+\sigma$)称为置信区间,相应的概率称为置信概率。显然,置信区间扩大,则置信概率提高。置信区间取(-2σ,$+2\sigma$)和(-3σ,$+3\sigma$)时,相应的置信概率 $P(2\sigma)$ = 95.4%、$P(3\sigma)$ = 99.7%。定义 $\delta=3\sigma$ 为极限误差,其概率含义是在 1 000 次测量中只有 3 次测量的误差绝对值会超过 3σ。由于在一般测量中次数很少超过几十次,因此,可以认为测量误差超出 -3σ~3σ 范围的概率是很小的,故 3σ 称为极限误差,一般可作为可疑值取舍的判定标准,也称作剔除坏值标准的 3σ 法则。

然而,实际测量总是在有限次内进行,如果测量次数 $n\leqslant20$,误差分布明显偏离正态分布而呈现 t 分布形式。t 分布函数计算成数表,可在数学手册中查到,t 分布曲线如图 2.3 所示。数理统计中可以证明,当 $n\rightarrow\infty$ 时,t 分布趋近于正态分布(图 2.3 中的虚线对应于正态分布曲线)。由图 2.3 可见,t 分布比正态分布曲线变低、变宽了;n 越小,t 分布越偏离正态分布。但无论哪一种分布形式,一般都有两个重要的数字特征量,即算术平均值和标准偏差。

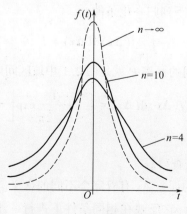

图 2.3　t 分布曲线

设在某一物理量的 n 次等精度测量中,得到测量列为 $x_1,x_2,\cdots,x_n$,各次测量值的随机误差为 $\Delta x_i=x_i-x_0$。将随机误差相加,有

$$\sum_{i=1}^{n} \Delta x_i = \sum_{i=1}^{n} (x_i - x_0) = \sum_{i=1}^{n} x_i - nx_0 \quad 或 \quad \frac{1}{n}\sum_{i=1}^{n} \Delta x_i = \frac{1}{n}\sum_{i=1}^{n} x_i - x_0 \qquad (2.7)$$

用 $\bar{x}$ 代表测量列的算术平均值：

$$\bar{x} = \frac{1}{n}(x_1 + x_2 + \cdots + x_n) = \frac{1}{n}\sum_{i=1}^{n} x_i \qquad (2.8)$$

式(2.7)改写为

$$\frac{1}{n}\sum_{i=1}^{n} \Delta x_i = \bar{x} - x_0 \qquad (2.9)$$

根据随机误差的抵偿性特征,即

$$\lim_{n\to\infty} \frac{1}{n}\sum_{i=1}^{n} \Delta x_i = 0$$

于是

$$\bar{x} \to x_0 \qquad (2.10)$$

可见,当测量次数相当多时,系统误差忽略不计时的算术平均值 $\bar{x}$ 接近于真值,称为测量的最佳值或近真值。我们把测量值与算术平均值之差称为偏差(或残差)：

$$\nu_i = x_i - \bar{x} \qquad (2.11)$$

当测量次数 n 有限时,测量列的算术平均值仍然是真值 x_0 的最佳估计值。证明如下：假设最佳值为 X 并用其代替真值 x_0,各测量值与最佳值间的偏差为

$$\Delta x_i' = x_i - X$$

按照最小二乘法原理,若 X 是真值的最佳估计值,则要求偏差的平方和 S 应最小,即

$$S = \sum_{i=1}^{n} (x_i - X)^2 \to \min \qquad (2.12)$$

由求极值的法则可知,S 对 X 的微商应等于零：

$$\frac{\mathrm{d}S}{\mathrm{d}X} = 2\sum_{i=1}^{n} (x_i - X) = 0 \qquad (2.13)$$

于是

$$nX - \sum_{i=1}^{n} x_i = 0 \qquad (2.14)$$

即

$$X = \frac{1}{n}\sum_{i=1}^{n} x_i = \bar{x} \qquad (2.15)$$

所以测量列的算术平均值 $\bar{x}$ 是真值 x_0 的最佳估计值。

由误差理论可以证明某次测量的标准偏差的计算式为

$$S_x = \sigma_x = \sqrt{\frac{\sum_{i=1}^{n} (x_i - \bar{x})^2}{n-1}} = \sqrt{\frac{\sum_{i=1}^{n} (\Delta x)^2}{n-1}} \qquad (2.16)$$

式(2.16)称为贝塞尔公式,它表示测量值 $x_1, x_2, x_3, \cdots, x_n$ 及其随机误差的离散程度。标准偏差 S_x(或 σ_x)小表示测量值密集,即测量的精密度高；标准偏差 S_x(或 σ_x)大表示测量

值分散,即测量的精密度低。

$\bar{x}$ 是被测量的最佳估计值,但它与真值之间仍存在误差。由随机误差的抵偿性可知,$\bar{x}$ 的误差理应比任何一次单次测量值的误差更小些。

用平均值的标准偏差表示测量算术平均值的随机误差的大小程度,有

$$S_{\bar{x}} = \sigma_{\bar{x}} = \frac{\sigma_x}{\sqrt{n}} = \sqrt{\frac{\sum_{i=1}^{n}(x_i - \bar{x})^2}{n(n-1)}} \tag{2.17}$$

由式(2.17)可知,$S_{\bar{x}}$ 随着测量次数的增加而减小,似乎 n 越大,算术平均值越接近于真值。实际上,在 $n>10$ 以后,$S_{\bar{x}}$ 的变化相当缓慢。考虑到测量精度主要取决于仪器的精度、测量方法、测量环境和测量人员等因素,一般来说,在实际测量中,单纯地增加测量次数是没有必要的。在本书中单次测量次数一般取 5~10 次。

2.1.5 测量的精密度、正确度和准确度

测量的精密度、正确度和准确度都是评价测量结果的术语,使用时其含义并不完全一致,具体说明如下。

1. 精密度

精密度是指对同一被测量量做多次重复测量时,各次测量值之间彼此接近或分散的程度。它是对随机误差的描述,反映随机误差对测量的影响程度。随机误差小,测量的精密度就高。

2. 正确度

正确度是指被测量的总体平均值与其真值接近或偏离的程度。它是对系统误差的描述,反映系统误差对测量的影响程度。系统误差小,测量的正确度就高。

3. 准确度

准确度是指各测量值之间的接近程度和其总体平均值对真值的接近程度。它包括精密度和正确度两方面的含义。准确度反映随机误差和系统误差对测量的综合影响程度,只有随机误差和系统误差都非常小,才能说测量的准确度高。"准确度"是国际上计量规范较常使用的标准术语。

2.2 不确定度评定与测量结果的表示

2.2.1 测量不确定度的引入

不确定度的引入是为了更准确地描述测量误差。从误差的定义可知,由于真值难以获得,因此误差也无法按照其定义式精确求出。通常情况下,误差值都是根据测量数据、测量条件得到的估计值。严格地讲,误差是未知的、不确定的,将一个确定的已知值称为误差是

不准确的。为了更准确地描述误差估计值,引入了另一个专有名称——不确定度。

不确定度可以对测量结果的准确程度做出科学合理的评价。不确定度的值越小,表示测量结果与真值越靠近,测量结果越可靠。反之,不确定度的值越大,测量结果与真值的差别越大,可靠性越差,使用价值就越低。

不确定度用于描述测量结果的准确度,最早出现在 1956 年出版的 *Introduction to the Theory of Error* 一书中。1980 年,国际计量局(BIPM)起草了一份《实验不确定度的表示》的建议书 INC-1(1980),1981 年,国际计量委员会(CIPM)原则上通过了这一建议书。此后,国际国内的计量检定等领域开始采用关于不确定度的国际建议。1993 年,国际标准化组织(ISO)等 7 个国际组织联名发表《测量不确定度表达指南》文件。许多工业化国家相继颁布了不确定度表达的国家标准。

我国也在国家标准文件和计量规范中逐步采用不确定度的表达方式。1999 年,我国计量科学研究院经国家质量技术监督局批准,发布了《测量不确定度评定与表示》(JJF 1059—1999)国家计量技术规范,明确提出了测量结果的最终形式要用不确定度来进行评定与表示,由此不确定度在我国开始进入推广使用阶段。2012 年 12 月,国家质量监督检验检疫总局发布新版《测量不确定度评定与表示》(JJF 1059.1—2012)国家计量技术规范。2017 年,国家质量监督检验检疫总局和国家标准化管理委员会联合发布国家标准《测量不确定度评定和表示》(GB/T 27418—2017)。

近年来,国内一些高校在物理实验教学中开始采用不确定度来评定实验结果。相较于传统的"误差"表达,不确定度的表达和评定方法形式多样,也较为复杂。本书主要从实用的角度,简要介绍不确定度的基本概念和评定方法。

2.2.2　测量不确定度的基本概念

1. 测量不确定度的定义

国家标准《测量不确定度评定和表示》(GB/T 27418—2017)中,测量不确定度和不确定的定义为:"利用可获得的信息,表征赋予被测量量值分散性的非负参数。"如同误差包含系统误差、随机误差一样,测量不确定度也由多个分量组成,这些分量可以采用统计方法、概率分布、经验判断等方式来评定。不确定度是对被测量值所处范围的一种评定,表示真值以一定置信概率落在测量平均值附近的一个范围内。表达式($x=\bar{x}\pm u$)的含义是被测量的真值以一定的置信概率 P 落在($\bar{x}-u,\bar{x}+u$)区间,其中 P 为置信概率,u 为测量不确定度(大于 0 的正值),区间($\bar{x}-u,\bar{x}+u$)称为置信区间。

2. 测量不确定度的分类

用标准偏差表示测量结果的不确定度称为标准不确定度,以 u 表示。以标准差的倍数表示的不确定度称为扩展不确定度,也称为总不确定度,以 U 表示。标准不确定度依其评定方法分为 A、B 两类:A 类标准不确定度属于能用统计分析方法对观测列进行计算的,以 u_A 表示;采用不属于 A 类的其他方法计算的,称为 B 类标准不确定度,以 u_B 表示。各标准不确定度分量的合成称为合成标准不确定度,以 u_C 表示。

不确定度具体分类如下。

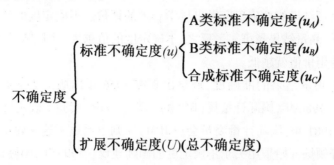

2.2.3　用测量不确定度评定测量结果的简化计算方法

1. 直接测量量的不确定度的评定

（1）多次直接测量量的标准不确定度的评定

①A类标准不确定度评定。对直接测量来说,如果在相同条件下对某物理量 X 进行了 n 次独立重复测量,其测量值分别为 $x_1, x_2, \cdots, x_n$,用 $\bar{x}$ 来表示平均值,则

$$\bar{x} = \frac{1}{n}(x_1 + x_2 + x_3 + \cdots + x_n) = \frac{1}{n}\sum_{i=1}^{n} x_i \tag{2.18}$$

$s(x_i)$ 为某次测量的实验标准差,由贝塞尔公式计算得到:

$$s(x_i) = \sqrt{\frac{1}{n-1}\sum_{i=1}^{n}(x_i - \bar{x})^2} \tag{2.19}$$

$s(\bar{x})$ 为平均值的实验标准差,其值为

$$s(\bar{x}) = \frac{s(x_i)}{\sqrt{n}} \tag{2.20}$$

由于多次测量的平均值比一次测量值更准确,随着测量次数的增多,平均值收敛于期望值。因此,通常以样本的算术平均值 $\bar{x}$ 作为被测量值的最佳值,以平均值的实验标准差 $s(\bar{x})$ 作为测量结果的 A 类标准不确定度。所以

$$u_A = s(\bar{x}) = \sqrt{\frac{1}{n(n-1)}\sum_{i=1}^{n}(x_i - \bar{x})^2} \tag{2.21}$$

当测量次数 n 不是很少时,对应的置信概率为 68.3%。当测量次数 n 较少时,测量结果偏离正态分布而服从 t 分布,A 类标准不确定度分量 u_A 由 $s(\bar{x})$ 乘以因子 t_p 求得,即

$$u_A = t_p s(\bar{x}) \tag{2.22}$$

t_p 因子与置信概率和测量次数有关,可由表 2.1 查出。

表 2.1　t_p 因子值

测量次数 n	2	3	4	5	6	7	8	9	10	20	30	∞
$P=0.683$	1.84	1.32	1.20	1.14	1.11	1.09	1.08	1.07	1.06	1.03	1.02	1.00
$P=0.950$	12.70	4.30	3.18	2.78	2.57	2.45	2.36	2.31	2.26	2.09	2.05	1.96

在实验教学中,为了简便,一般取 $t_p = 1$,这样,A 类标准不确定度可简化计算为 $u_A = s(\bar{x})$,但 u_A 与 $s(\bar{x})$ 概念不同。

②B 类标准不确定度评定。B 类标准不确定度在测量范围内无法用统计方法评定,一般可根据经验或其他有关信息进行估计。从实验教学的实际出发,一般只考虑由仪器误差影响引起的 B 类标准不确定度 u_B。通常可依据仪器说明书或鉴定书、仪器的准确度等级、仪器的分度或经验等信息,获得该项系统误差的极限 Δ(有的标出容许误差或示值误差),而不是标准不确定度。它们之间的关系为

$$u_B = \frac{\Delta}{C} \tag{2.23}$$

式中,C 为置信概率 $P = 0.683$ 时的置信系数,当误差服从正态分布、均匀分布、三角分布时,C 值分别取 3、$\sqrt{3}$、$\sqrt{6}$。在缺乏信息的情况下,对大多数实验测量,可认为一般仪器误差概率分布函数服从均匀分布,即 $C = \sqrt{3}$。实验中 Δ 主要与未明确的系统误差有关,这些系统误差主要是来自仪器误差 Δ_{ins}(或 Δ)。用仪器误差 Δ_{ins} 代替 Δ 时,一般 B 类标准不确定度可简化计算为

$$u_B = \frac{\Delta_{ins}}{\sqrt{3}} \tag{2.24}$$

常用仪器的 Δ_{ins} 值见表 2.2。

表 2.2　常用仪器的 Δ_{ins} 值

仪器名称	Δ_{ins}	仪器名称	Δ_{ins}
米尺	0.5 mm	计时器	仪器最小读数(1 s、0.1 s、0.01 s)
卡尺	0.05 mm 或 0.02 mm	物理天平	0.05 g
千分尺	0.005 mm	电桥	K%R(K—准确度或级别,R—示值)
分光计	1′ 或 30″(最小分度值)	电位差计	K%V(K—准确度或级别,V—示值)
读数显微镜	0.005 mm	电阻箱	K%R(K—准确度或级别,R—示值)
各类数字仪表	仪器最小读数	电表	K%M(K—准确度或级别,M—量程)

③合成标准不确定度评定。对于受多个误差来源影响的直接测量量,被测量量 X 的不确定度可能不止一项,设其有 k 项。各项不确定度分量彼此独立,其协方差为零。用方根方式合成标准不确定度 u_C:

$$u_C = \sqrt{\sum_{i=1}^{n} u_i^2} \tag{2.25}$$

式中,u_i 可以是 A 类标准不确定度,也可以是 B 类标准不确定度,或者两者都有。

事实上,在大多数情况下,我们遇到的每一类不确定度只有一项,因此,合成标准不确定度计算可简化为

$$u_C = \sqrt{u_A^2 + u_B^2} = \sqrt{s(\bar{x})^2 + \frac{\Delta_{ins}^2}{3}} \tag{2.26}$$

式(2.26)对应的置信概率为 $P = 0.683$。

评价测量结果,有时也写出相对不确定度(u_r),相对不确定度常用百分数表示:

$$u_r = \frac{u_C}{\bar{x}} \times 100\% \tag{2.27}$$

(2)单次直接测量量的标准不确定度的评定

在实验中,常常由于条件不许可,或测量准确度要求不高等原因,对一个物理量只进行一次直接测量,这时,不能用统计方法求标准偏差,则标准不确定度计算可简化为

$$u_A = 0, u_B = \Delta_{ins}/\sqrt{3}, u_C = u_B$$

2. 误差的传递、间接测量量不确定度的评价

(1)误差传递的基本公式

在科学实验和生产实践中,有许多物理量是难以进行直接测量的,需要采用间接测量。先对若干可直接测量的量加以测量,再依据定义或规律导出的关系式(即测量式),通过计算或作图间接获得测量结果的测量方法,称为间接测量。

设 N 为间接测量量,且有

$$N = f(x, y, z, \cdots) \tag{2.28}$$

式中,$x, y, z, \cdots$ 是彼此独立的直接测量量。$f(\cdot)$ 表示间接测量量和直接测量量之间的函数关系。

间接测量误差不仅与直接测量的误差有关,还和二者之间的函数关系有关。间接测量误差计算由直接测量误差的大小和函数关系确定。对式(2.28)求全微分有

$$dN = \frac{\partial f}{\partial x}dx + \frac{\partial f}{\partial y}dy + \frac{\partial f}{\partial z}dz + \cdots \tag{2.29}$$

式(2.29)表示,当 $x, y, z, \cdots$ 有增量 $dx, dy, dz, \cdots$ 时,N 也有增量。如将 $dx, dy, dz, \cdots, dN$ 看成误差,此式即为误差传递公式。

把式(2.28)取自然对数后再微分:

$$\frac{dN}{N} = \frac{\partial \ln f}{\partial x}dx + \frac{\partial \ln f}{\partial y}dy + \frac{\partial \ln f}{\partial z}dz + \cdots \tag{2.30}$$

式(2.28)和式(2.29)就是误差传递的基本公式。可见,一个量(如 x)的测量误差(dx)对于总误差(dN)的贡献,不仅取决于其本身误差的大小,还取决于误差传递系数 $\left(\frac{\partial f}{\partial x} \frac{\partial \ln f}{\partial f}\right)$。

(2)间接测量量不确定度的评定

设间接测量量 N 是由直接测量量 $x, y, z, \cdots$ 通过函数关系 $N = f(x, y, z, \cdots)$ 计算得到的,其中 $x, y, z, \cdots$ 是彼此独立的直接测量量。设 $x, y, z, \cdots$ 的不确定度分别为 $u_x, u_y, u_z, \cdots$,它们必然会影响间接测量结果,使 N 也有相应的不确定度。由于不确定度是微小的量,相当于数学中的"增量",因此间接测量的不确定度的计算公式与数学中的全微分公式类似。考虑到用不确定度代替全微分和不确定度合成的统计性质,可以用下式来简化计算间接测量量 N 的不确定度 u_N:

$$u_N = \sqrt{\left(\frac{\partial f}{\partial x}\right) \cdot u_x^2 + \left(\frac{\partial f}{\partial y}\right) \cdot u_y^2 + \left(\frac{\partial f}{\partial z}\right) \cdot u_z^2 + \cdots} \tag{2.31}$$

若先取对数,再求全微分,可得下面另一简化计算式:

$$\frac{u_N}{N} = \sqrt{\left(\frac{\partial \ln f}{\partial x}\right)^2 \cdot u_x^2 + \left(\frac{\partial \ln f}{\partial y}\right)^2 \cdot u_y^2 + \left(\frac{\partial \ln f}{\partial z}\right)^2 \cdot u_z^2 + \cdots} \tag{2.32}$$

由式(2.31)和式(2.32)知,间接测量量 N 的不确定度与各直接测量量的不确定度 u_x,u_y,u_z,$\cdots$ 及各不确定度传递系数 $\frac{\partial f}{\partial x}$,$\frac{\partial f}{\partial y}$,$\frac{\partial f}{\partial z}$,$\cdots$ 有关。表2.3列出了常用函数式的不确定度合成公式。

表 2.3 常用函数式的不确定度合成公式

函数式	不确定度合成公式
$N = x \pm y$	$u_N = \sqrt{u_x^2 + u_y^2}$
$N = xy$ 或 $N = \dfrac{x}{y}$	$u_{Nr} = \dfrac{u_N}{N} = \sqrt{\left(\dfrac{u_x}{x}\right)^2 + \left(\dfrac{u_y}{y}\right)^2}$
$N = kx$　（k 为常数）	$u_N = ku_x$,$u_{Nr} = \dfrac{u_N}{N} = \dfrac{u_x}{x}$
$N = x^n$　（$n = 1,2,3,\cdots$）	$u_{Nr} = \dfrac{u_N}{N} = n \cdot \dfrac{u_x}{x}$
$N = \sqrt[n]{x}$	$u_{Nr} = \dfrac{u_N}{N} = \dfrac{1}{n} \cdot \dfrac{u_x}{x}$
$N = \dfrac{x^k y^m}{z^n}$	$u_{Nr} = \dfrac{u_N}{N} = \sqrt{k^2\left(\dfrac{u_x}{x}\right)^2 + m^2\left(\dfrac{u_y}{y}\right)^2 + n^2\left(\dfrac{u_z}{z}\right)^2}$
$N = \sin x$	$u_{Nr} = |\cos x| \cdot u_x$
$N = \ln x$	$u_{Nr} = \dfrac{1}{x} \cdot u_x$

当间接测量所依据的数学公式较为复杂时,计算不确定度的过程也较为烦琐。如果间接测量量 N 是各直接测量量 $x,y,z,\cdots$ 的和函数或差函数,则利用式(2.31)来计算比较方便;如果间接测量量 N 是各直接测量量 $x,y,z,\cdots$ 的积函数或商函数,则利用式(2.32)先计算 N 的相对不确定度 $\dfrac{u_N}{N}$,然后通过相对不确定度 u_N 计算比较方便。

综上所述,实验中的不确定度可通过以下方式进行简化计算。

- 对直接单次测量,$u_A = 0$,$u_B = \Delta_{ins}/\sqrt{3}$,$u_C = u_B$;
- 直接多次测量,先求测量列算术平均值 $\bar{x}$,再求平均值的标准偏差 $s(\bar{x})$,$u_A = s(\bar{x})$,

$$u_B = \Delta_{\text{ins}}/\sqrt{3} , u_C = \sqrt{u_A^2 + u_B^2} ;$$

● 对间接测量,先求各直接测量量的不确定度,再由式(2.31)或式(2.32)进行计算,最后把结果表示成 $N = \overline{N} \pm u_N$ 的形式。

例 2.1 采用感量为 0.1 g 的物理天平称量某物体的质量,其读数值为 35.41 g,求物体质量的测量结果。

解 采用物理天平称物体的质量,重复测量读数值往往相同,故一般只需进行单次测量。单次测量的读数即为近似真实值,$m = 35.41$ g。

物理天平的"示值误差"通常取感量的一半,并且作为仪器误差,即

$$u_B = \Delta_{\text{ins}}/\sqrt{3} = 0.05/\sqrt{3} = 0.029 \text{ g} = u_C$$

测量结果为

$$m = (35.41 \pm 0.03) \text{ g}$$

在例 2.1 中,因为是单次测量($n=1$),合成标准不确定度 $u_C = \sqrt{u_A^2 + u_B^2}$ 中的 $u_A = 0$,所以 $u_C = u_B$,即单次测量的合成标准不确定度等于非统计不确定度。但是这个结论并不表明单次测量的 u 就小,因为 $n=1$ 时,s_x 发散。考虑到随机分布特征是客观存在的,测量次数 n 越大时,置信概率就越高,测量的平均值就越接近真值。

例 2.2 已知某铜环的外径 $D = (2.995 \pm 0.006)$ cm,内径 $d = (0.997 \pm 0.003)$ cm,高度 $H = (0.951\ 6 \pm 0.005)$ cm,试求该铜环的体积及其不确定度,并写出测量结果表达式。

解
$$V = \frac{\pi}{4}(D^2 - d^2)H = \frac{\pi}{4}(2.995^2 - 0.997^2) \times 0.951\ 6 \approx 5.961 \text{ cm}^3$$

$$\ln V = \ln\frac{\pi}{4} + \ln(D^2 - d^2) + \ln H$$

$$\frac{\partial \ln V}{\partial D} = \frac{2D}{D^2 - d^2}, \quad \frac{\partial \ln V}{\partial d} = -\frac{2d}{D^2 - d^2}, \quad \frac{\partial \ln V}{\partial H} = \frac{1}{H}$$

$$\frac{u_V}{V} = \sqrt{\left(\frac{2D}{D^2 - d^2}\right)^2 \cdot u_D^2 + \left(-\frac{2d}{D^2 - d^2}\right)^2 \cdot u_d^2 + \left(\frac{1}{H}\right)^2 \cdot u_H^2}$$

$$= \sqrt{\left(\frac{2 \times 2.995 \times 0.006}{2.995^2 - 0.997^2}\right)^2 + \left(\frac{2 \times 0.997 \times 0.003}{2.995^2 - 0.997^2}\right)^2 + \left(\frac{0.005}{0.951\ 6}\right)^2}$$

$$\approx 0.004\ 6$$

$$u_V = 0.004\ 6 \times V = 0.004\ 6 \times 5.961 \approx 0.03 \text{ cm}^3$$

所以

$$V = (5.961 \pm 0.03) \text{ cm}^3$$

由于不确定度本身只是一个估计值,因此,在一般情况下,表示最后结果的不确定度只取 1 位有效数字,最多不超过 2 位(首位为 1 或 2 时保留 2 位)。

2.2.4 不确定度与误差的关系

不确定度和误差是两个不同的概念,有着根本的区别,但二者又是相互联系的。不确

定度和误差都是由测量过程的不完善引起的,而且不确定度概念和体系是在现代误差理论的基础上建立与发展起来的。如前所述,根据传统误差的定义,由于真值一般无从得知,则测量误差一般也是未知的,是不能准确得知的,误差是一个理想的概念。不确定度则是表示由于测量误差的存在而对被测量值不能确定的程度,反映了可能存在的误差分布范围,表征被测量的真值所处的量值范围的评定。不确定度能更准确地用于测量结果的表示。

应当指出,不确定度概念的引入并不意味着放弃使用"误差"。实际上,误差仍可用于定性地描述理论和概念的场合。我们没有必要将误差理论改为不确定度理论,或将误差源改为不确定度源。某些术语,如误差分析和不确定度分析等都是可以并存的,可以保留原来的名称,而在具体计算和表示计算结果时,应改为不确定度。总之,凡是涉及具体数值的场合均应使用不确定度来代替误差,以避免出现将已知值赋予未知量的矛盾。

2.3　有效数字及其运算法则

2.3.1　有效数字的基本概念

任何一个物理量,其测量结果总是有误差的,测量值的位数不能任意地取舍,要由不确定度来决定,即测量值的末位数与不确定度的末位数对齐。如算得体积的测量值 $\overline{V}=5.961\ cm^3$,其不确定度 $u_V=0.04\ cm^3$,由不确定度的定义及 u_V 的数值可知,测量值在小数点后的百分位上已经出现误差,因此 $\overline{V}=5.961\ cm^3$ 中的"6"已是误差的存疑数,其后面一位"1"已无保留的意义,所以测量结果应写为 $\overline{V}=(5.96\pm0.04)\ cm^3$。另外,数据计算都有一定的近似性,计算时既不必超过原有测量准确度而取位过多,也不能降低原测量准确度,即计算的准确性和测量的准确性要相适应。在数据记录、计算以及书写测量结果时,应根据有效数字及其运算法则来处理。熟练地掌握这些规则,是培养实验能力的基本要求,也可为将来科学处理数据打下基础。

在表示测量结果的数字中,一般只保留1位欠准确数,即数字的最后一位为欠准确数,其余均为准确数。正确而有效地表示测量和实验结果的数字称为有效数字,它是由若干位准确数字和1位欠准确数字(可疑数字)构成的,这些数字的总位数称为有效位数。有效数字与待测量和测量仪器密切相关,它既反映了待测量的量值大小,同时也反映了所用仪器的精度,因而有效数字与数学中的纯"数字"有本质的区别。

2.3.2　直接测量的读数原则

直接测量读数应反映出有效数字,一般应估读到测量器具最小分度值以下的1位欠准确数。例如,用毫米刻度的米尺测量某物体的长度,如图2.4(a)所示,$L=1.67\ cm$。"1.6"是从米尺上读出的"准确"数,"7"是从米尺上估读的"欠准确"数,是含有误差的,但却是有效的,所以读出的是3位有效数字。如图2.4(b)所示,$L=2.00\ cm$,仍是3位有效数字,而

不能读写为 $L=2.0$ cm 或 $L=2$ cm,因为这样表示分别只有 2 位或 1 位有效数字。可见,一个物理量的数值与数学上的数有着不同的含义。在数学意义上 $2.00=2.0$,但在物理测量中(如上述长度测量)2.00 cm$\neq$2.0 cm,因为 2.00 cm 中的前 2 位"2"和"0"是准确数,最后 1 位"0"是欠准确数,共有 3 位有效数字,而 2.0 cm 则有 2 位有效数字。实际上这两种写法表示了两种不同精度的测量结果,所以在记录实验测量数据时,数字之末或数字中间的零是有效数字,不能随意增减。

如图 2.4(c)所示,$L=90.70$ cm,有 4 位有效数字。若是改用厘米刻度米尺测量该长度时,如图 2.4(d)所示,则 $L=90.7$ cm,只有 3 位有效数字。所以,有效数字位数的多少既与使用仪器的精度有关,又与被测量量本身的大小有关。一般情况下应按仪器或量具的最小分度值决定测量值的有效数字位数,通常应估读到最小分度值的 1/10、1/5 或 1/2 分度(视人眼对最小刻度的分辨力而定)。对于数字式仪表,所显示的数字均为有效数字,无须估读,误差一般出现在最末一位。

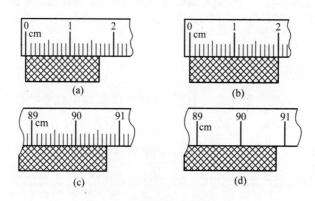

图 2.4　直接测量的有效数字

因此,有效数字位数是仪器精度和被测量量本身大小的客观反映,不能随意增减。在单位换算或交换小数点位置时,不能改变有效数字位数,而应运用科学记数法,把不同单位用 10 的不同幂次表示。例如,1.2 m 不能写作 120 cm、1 200 mm 或 1 200 000 μm,应记为

$$1.2 \text{ m}=1.2\times10^2 \text{ cm}=1.2\times10^3 \text{ mm}=1.2\times10^6 \text{ μm}$$

它们都是 2 位有效数字。

反之,把小单位换成大单位,小数点移位,在数字前出现的"0"不是有效数字,如 2.42 mm$=$0.242 cm$=$0.002 42 m 或 2.42 mm$=2.42\times10^{-1}$ cm$=0.242\times10^{-3}$ m,它们都是 3 位有效数字。

2.3.3　有效数字运算规则

在有效数字运算过程中,准确数字与准确数字之间进行四则运算,仍为准确数字。可疑数字与准确数字或可疑数字之间进行运算,结果为可疑数字,但是运算中的进位数可视为准确数字。

有效数字运算总的原则是:运算结果只保留 1 位欠准确数字。

1. 加减运算

当几个有效数字参与加、减或加减混合运算时,所得结果在小数点后所保留的位数与

诸数中小数点后位数最少者相同,即称为尾数对齐(严格来说,所得结果的欠准位应与诸数中欠准位数数量级最高的一位保持一致)。下面例题中在数字下加短线的为欠准确数字。

例2.3　12.3+5.213+0.15 的计算结果应保留几位有效数字?

解　上式各数值小数点位数最少者为 12.3(小数点后只有 1 位),所以结果的有效数字小数点后保留 1 位,即 12.3+5.213+0.15=17.7。上述运算用竖式更加明了。

$$
\begin{array}{r}
12.3\underline{~} \\
5.21\underline{3} \\
+\ 0.1\underline{5} \\
\hline
17.\underline{663}
\end{array}
$$

2. 乘除运算

多个量相乘除,运算结果的有效数字位数一般与参与运算各量中有效数字位数最少的相同,与小数点无关,即称为位数对齐。

例2.4　562.31×12.1 的计算结果应保留几位数字?

解　计算过程如下:

$$
\begin{array}{r}
562.31 \\
\times\ \ 12.1 \\
\hline
5623\underline{1} \\
11246\underline{2} \\
5623\underline{1} \\
\hline
6803.\underline{951}
\end{array}
$$

按照只保留 1 位欠准确数字的原则,562.31×12.1=$6.80×10^3$ 为 3 位有效数字。这与上面叙述的乘除运算法则是一致的。在例 2.4 中,5 位有效数字(562.31)与 3 位有效数字(12.1)相乘,计算结果应为 3 位有效数字,即与有效数字位数少的相同。

除法是乘法的逆运算,取位法则与乘法相同,这里不再举例说明。

3. 乘方、立方、开方运算

乘方、立方、开方运算结果的有效数字位数与原数的有效位数相同。

4. 对数、三角函数运算

前面介绍的有效数字四则运算法则是根据不确定度合成理论和有效数字的定义总结出来的。所以,对数、三角函数的计算必须按照不确定度传递公式,先求出函数值的不确定度,然后根据测量结果最后一位数字与不确定度对齐的原则来决定有效数字。

例2.5　$a=3\,068\pm2$,求 $y=\ln a=?$

解　按照不确定度传递公式

$$u_y=\frac{1}{a}u_a=\frac{1}{3\,068}\times2=0.000\,7$$

所以

$$y=\ln a=8.028\,8$$

或

$$y=8.028\,8\pm0.000\,7$$

5.常数

公式中的常数,如 π、e、$\sqrt{2}$ 等,它们的有效数字位数是无限的,运算时一般根据需要,比参与运算量中有效数字位数最少的量多取 1 位有效数字即可。例如,$S = \pi r^2$,$r = 6.042$ cm,π 取为 3.141 6(比 r 的有效位数多 1 位),所以 $S = 114.7$ cm^2。

当用计算器进行计算时,为了简便、迅速,运算过程可在计算器上连续进行,但结果要按运算规则取有效数字位数。

应该指出的是,上述的运算规则不是绝对的。一般来说,为了避免在运算过程中因数字的取舍而引入计算误差,运算过程的中间结果应多保留 1 位数字。最终计算结果的有效数字位数,以间接测量值最后 1 位数字与不确定度对齐的原则为准。

2.3.4 测量结果数字取舍规则

数字的取舍采用"四舍六入五凑偶"规则,即数字最高位为 4 或 4 以下的数,则"舍";若为 6 或 6 以上的数,则"入";当被舍去数字的最高位为 5 时,若前一位数为奇数,则"入",若前一位数为偶数,则"舍"。"五凑偶"就是通过取舍,总是把前一位凑成偶数,其目的在于使"入"和"舍"的机会均等,以避免用"四舍五入"规则处理较多数据时,因入多舍少而引入计算误差。

例如,将下列数据保留到小数点后第二位:

8.0861→8.09, 8.0845→8.08, 8.0850→8.08, 8.0754→8.08, 8.0656→8.06

上述有效数字运算和数字取舍规则的目的,是保证测量结果的准确度不因数字取舍不当而受到影响。同时应尽量避免保留一些无意义的欠准确数字。随着计算机技术的发展,计算过程多取几位数字不会给计算带来什么困难,但是实验结果的正确表达仍然是重要的。实验者应能正确判断实验结果是几位有效数字,知道正确结果该如何表示。

2.4 数 据 处 理

除某些观察实验外,大多数的实验研究,都需要对原始数据进行数据处理,才能得到实验关键要素之间的关联关系。例如,传热学平板导热实验,用电加热器在试件中产生恒定的热流密度,用热电偶测量试件表面温度。实验测量的原始数据是加热器端电压值、电流值和热电偶的热电势值。要分析实验试件热流密度和温度之间的关系,需要对这些原始数据进行处理。比如利用加热器端电压值、电流值来计算试件的热流密度,将热电偶的热电势转换成相应的温度等,再通过数据拟合、实验曲线绘制等方式,得到试件中热流分布规律。

常用的实验数据处理方法有列表表示法、图线表示法和数学表达式表示法等。随着计算机绘图等技术的不断发展,图线表示法和数学表达式表示法结合日益紧密,这里不再单独介绍数学表达式表示法,将相应的内容放在图线表示法中一并说明。

2.4.1 列表表示法

列表表示法就是用列表的方式来记录和处理实验数据。常用的实验数据记录表格有三种:原始数据记录表格、中间处理表格、实验结果表格。其中原始数据记录表格是后两种表格的制表依据。

原始数据记录表格应根据实验参数数目、参数变化范围设计。表格设计时应注意如下事项。

1. 项目的完整性

表格应能够全面地记录实验的工作状态(工况)和全部实验数据,应包括实验日期、起止时间和参加人员名单,同时根据需要,记录大气温度和压力等环境参数。表格完整性至关重要,遗漏任何一项记录数据,都可能导致整个实验的失败。

2. 单位的完整性

表格的各个项目都应注明使用单位。没有单位的物理量是一个没有意义的数字。

3. 有效数字的合理性

有效数字的位数应按照前面介绍的规则合理选取,盲目地增加有效数字的位数,并不能提高实验数据的精确程度。

中间处理表格应以便于数据整理为目的,表格中应清楚地表明由原始数据到最后实验数据的处理过程。在表格中应特别注意中间计算和转换过程中单位的变换。

实验结果表格要简明地表明实验研究的结果。在表格中应明显地表示出控制过程发展的物理量与随之变化的物理量之间的关联关系。当表格本身尚不能充分地表达全部实验结果时,应提供一些附加的说明列于表首或表尾。

计算机辅助数据处理已广泛应用于实验研究,原始数据、中间数据处理和实验结果表格可由计算机按预先编制的程序进行。实验数据之间的关联关系,可以利用计算机绘制成各种图线或拟合成相应的数学表达式。

列表表示法是最简单实用的实验数据表示法。本书的工程热力学实验项目多数都采用列表表示法处理实验数据。列表表示法的主要缺点是数据的呈现过程不够直观形象。相比于图线表示法,列表表示法不能直观地看出实验过程的发展变化趋势。采用列表表示法处理数据时,如果要获得数据之间的函数关系或者直观描述数据变化过程,可以将列表表示法与图线表示法结合起来。

2.4.2 图线表示法

图线表示法就是把实验数据之间的相互关系用图线的形式表示出来。通常采用坐标图来描绘实验数据曲线,常见的坐标包括直角坐标、半对数坐标、全对数坐标和极坐标等。图线表示法的优点是从图线上可形象地看到各参数之间的关联关系和过程趋势。另外,用图线来平滑实验点时,还能消除部分随机误差。下面简要介绍图线表示法。

1. 标度尺与比例尺的选择

标度尺是指图上单位线性长度或单位角度所代表的物理量。比例尺是指各坐标轴标度尺之间的比例。作图表示实验结果时,必须首先选择适当的标度尺和比例尺。标度尺和比例尺的选择有一定的独立性,但两者又存在一定的关系。标度尺和比例尺选择不合适时,非但不能恰当地描述实验数据的依从关系,而且会引起误解。例如,某一实验最后整理出来的数据:当 x 为1、2、3、4时,对应的函数 y 值分别为8.0、8.2、8.3、8.0。选择 x 轴标度尺为"图上每单位长度代表一个单位的 x 值", y 轴标度尺为"图上每单位长度代表两个单位的 y 值"。这时,上述实验结果表示在 x-y 坐标图上,如图2.5(a)所示。根据图上表示的实验结果,人们有理由把这些实验点连成一平行于 x 轴的直线,并可得出结论:实验证明 y 值与 x 值无关。

但是,如果改换一下标度尺,使 x 坐标轴的标度尺不变,而 y 坐标轴的标度尺改为:图上每单位长度代表0.2个单位的 y 值。改换 y 坐标轴标度尺之后,实验数据表示在图上,如图2.5(b)所示。根据图上实验点的位置,人们有理由相信 y 值受 x 值的影响,并在 $x=3$ 处出现 y_{max}。同样的实验数据,却得出了不同的结论。那么,哪一个结论正确呢?答案是两个结论都可能正确。这是否说明实验结果与所选择的标度尺有关呢?显然,答案是否定的。从表面上看,上述矛盾是由选择不同的标度尺引起的。实际上,标度尺的选择是与实验误差的估计密切相关的。

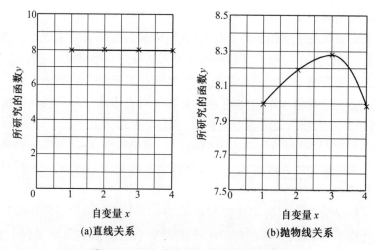

自变量 x

(a)直线关系 　　　(b)抛物线关系

图2.5 标度尺选择对实验结果的影响

仍以上例来说明如何正确选择标度尺。如果已知 y 值的测量误差 $\Delta y=\pm0.2$, x 值的测量误差 $\Delta x=\pm0.05$,则上例的测量结果应为:当 $x_1=1\pm0.05$, $x_2=2\pm0.05$, $x_3=3\pm0.05$, $x_4=4\pm0.05$ 时, $y_1=8.0\pm0.2$, $y_2=8.2\pm0.2$, $y_3=8.3\pm0.2$, $y_4=8.0\pm0.2$。此时如果把误差带也同时表示在图上,则图2.5(a)变成2.6(a),图2.5(b)变成2.6(b)。从图2.6中可以清楚地看到:不论选择什么样的标度尺,其实验结论都是一样的。根据图2.6(a)及图2.6(b),有理由认为把实验结果连成平行于 x 轴的直线是正确的。如果设法采取措施来减小 y 值的测量误差,那么这些数字的意义就不同了。如果 y 值的测量误差不是0.2,而是0.02,则 $x_1=1\pm0.05$, $x_2=2\pm0.05$, $x_3=3\pm0.05$, $x_4=4\pm0.05$ 时, $y_1=8.0\pm0.2$, $y_2=8.2\pm0.2$, $y_3=8.3\pm0.2$, $y_4=8.0\pm0.2$,仍按上述两种标度尺把这些数据分别画在图上,如图2.7(a)和图2.7(b)所示。这时实验结果就不是直线,而是具有最大值的曲线形式。从以上讨论,可以得出如下结论:第一,标度尺要选择适当,否则就会出现图2.6(b)那样的情况,用狭长的一个矩形来代表一个实验"点",显然是不合理的;第二,标度尺的选择与测量误差的大小有密切的关系。可以根据误差带选择标度尺和 x-y 轴的比例,当 x 轴上的误差带与 y 轴上的误差带所构成的矩形接近正方形时,可以认为比例尺的选择是适宜的。

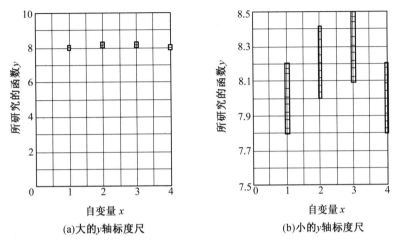

（a）大的 y 轴标度尺　　　　　　　（b）小的 y 轴标度尺

图 2.6　根据测量误差表示实验结果

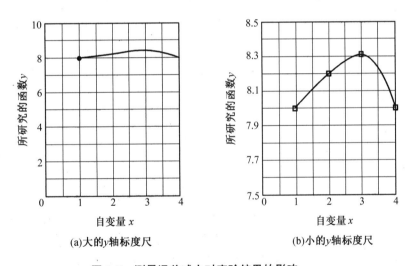

（a）大的 y 轴标度尺　　　　　　　（b）小的 y 轴标度尺

图 2.7　测量误差减小对实验结果的影响

　　下面讨论"误差带"这个正方形的大小。一般情况下,测量误差带在图纸上大致占据 1~2 mm 是合适的。比如测量温度沿杆长的分布,温度的测量范围是 0~100 ℃,其测量误差为 ±0.5 ℃,杆长为 200 mm,其测量误差为 ±1 mm。这时,如果取温度的标度尺为 10 ℃/mm,那么,±0.5 ℃ 在坐标轴上只占 0.1 mm 的长度,在图上几乎无法辨认。如取温度标度尺为 0.01 ℃/mm,则 ±0.5 ℃ 的误差带将在坐标轴上占 100 mm 的长度,显然也是不适宜的。对于一般技术报告的用图,具有 ±0.5 ℃ 的误差,以取 1 ℃/mm 的标度尺为宜,这时,测温误差带在图上占据 1 mm,当杆长的标度尺取 2 mm/mm 时,长度 ±1 mm 的误差带在图上也占据 1 mm。这时,每个测量点的误差带在坐标图上形成 1 mm×1 mm 的正方形。

　　当上述要求难以全面满足时,这些要求只能作为参考标准之一。如当测量参数变化范围很大时,首先应该考虑的是,要在有限的坐标纸上容纳全部实验数据。上例的测量范围为 0~100 mm,根据误差带在坐标轴上占据 1~2 mm 的原则,(100±5)℃的温度值在坐标轴上占据 101~202 mm 的长度,这是一般坐标纸所允许的。如果测温范围为 0~1 000 ℃,仍然以误差带在坐标轴上占据 1~2 mm 的要求为选择标度尺的标准,那么(1 000±0. 5)℃就要在坐标纸上占据 1 m 的长度,这显然是一般坐标纸无法容纳的(这里不讨论测量 1 000 ℃ 的高温是否能达到±0. 5 ℃ 的测量误差)。此时就要以坐标纸能容纳全部实验数据为原则,来选择坐标轴的标度尺和比例尺。如果要兼顾两者,可以将全部实验数据分成几段,分别画在几张坐标纸上。

2. 图线的绘制

选择适当的标度尺和比例尺后,就可以把数据画在坐标纸上,将这些离散的实验点连成光滑的图线,不严格的办法是,用曲线板或曲线尺作一图线,使大部分实验点围绕在该图线的周围。如果实验点在坐标图上的趋势是直线,则可利用直尺作直线,使大部分实验点围绕在该直线的周围。将实验点连成直线的情况是很多的,从以后的讨论中可以看到,很多曲线经过线性化处理,仍然可以连成直线。因此,这里将着重讨论直线的连接。

(1)图解法

用透明直尺作一直线,使大部分实验点尽可能近地围绕在该直线的周围,如图 2. 8 所示。

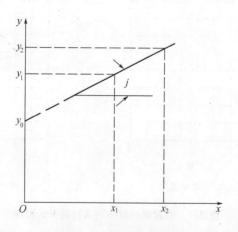

图 2.8　实验数据的整理

该直线的数学表达式为

$$y = Bx + C \tag{2.33}$$

式中,B、C 为常数,B 称为斜率,C 称为截距,有

$$B = \mathrm{tg}\ \varphi = \frac{\Delta y}{\Delta x} = \frac{y_2 - y_1}{x_2 - x_1} \tag{2.34}$$

$$C = \frac{y_1 x_2 - y_2 x_1}{x_2 - x_1} \tag{2.35}$$

如果直线可延伸至 $x = 0$,且与 y 轴相交于 y_0 处,那么

$$C = y_0 \tag{2.36}$$

这种方法虽然简单,但存在明显的缺点,因为凭直观围绕同一批实验点可能做出不同斜率和不同截距的直线。另外,这种方法没有提供一个依据来衡量所绘制直线对实验数据的拟合质量。

(2)连续差值法

连续差值法是计算相邻两点实验数据的斜率,然后取全部斜率的算术平均值为最佳斜率,求出最佳斜率的标准误差。

连续差值法的优点是给出了求直线斜率的规范化方法,排除了直观方法的任意性,同时给出了所作直线斜率的标准偏差,即给出了判断所绘制图线优劣的标准。但该法仍有明显的缺点,因为该最佳斜率取决于实验点中首、尾两点所构成的直线的斜率。而在实际测量中,往往是首、尾两点的数据的可靠性差。延伸插值法就是针对这一问题的一种改进方法。

(3)延伸插值法

延伸插值法按自变量值将数据分成数目相等的两组,即高 x 值组和低 x 值组。高 x 值组自变量编号为 $x_{H1}, x_{H2}, \cdots, x_{Hm}$,低 x 值组自变量编号为 $x_{L1}, x_{L2}, \cdots, x_{Lm}$,相应的 y 值为 y_{H1},$y_{H2}, \cdots, y_{Hm}$ 及 $y_{L1}, y_{L2}, \cdots, y_{Lm}$。然后,两组中相应编号的 y 值相减,有

$$\Delta y_i = y_{Hi} - y_{Li} \tag{2.37}$$

相应编号的 x 值相减,有

$$\Delta x_i = x_{Hi} - x_{Li} \tag{2.38}$$

求出它们的斜率 B_i 为

$$B_i = \frac{\Delta y_i}{\Delta x_i} \tag{2.39}$$

最后求出平均斜率值 B 为

$$B = \frac{\sum\limits_{i=1}^{m} B_i}{m} \tag{2.40}$$

这种方法实质上是将高、低值组中的相应两点连成直线,然后求出这些直线的平均斜率,这样就避免了平均斜率只取决于数据首、尾两点的缺点。

(4)平均值法

这种方法与延伸差值法很相像,同样将 n 个数据分成两组,对任一组数据均可写成

$$y_i = A + Bx_i \tag{2.41}$$

对第一组数据 m 个方程相叠加,得

$$\sum_{i=1}^{m} y_{Hi} = mA + B \sum_{i=1}^{m} x_{Hi} \tag{2.42}$$

对第二组数据 m 个方程相叠加,得

$$\sum_{i=1}^{m} y_{Li} = mA + B \sum_{i=1}^{m} x_{Li} \tag{2.43}$$

由方程(2.42)及方程(2.43)可解出两个常数 A 和 B。当自变量 x 按等差级数分布时,

平均值法与延伸差值法会得到同样的结果。

上述几种方法都比较简单,没有大量的计算,而且给出了一个较为客观的作图方法和评定标准。下面给出在实验点分散、实验误差较大的情况下,广泛应用的一种方法——最小二乘法。

(5)最小二乘法

最小二乘法是实验数据处理的重要手段。最小二乘法的前提是假定实验数据是等精度的、实验误差是符合正态分布规律的。采用最小二乘法处理实验数据应在满足这两个假定的前提条件下进行。大多数情况下的实验数据,都认为是满足这两个前提条件的,因此最小二乘法在实验数据处理中得到了广泛应用。

简便起见,这里略去最小二乘法的严格数学推演和证明,从实用的角度推导出最小二乘法的一些实用结论,具体如下。

如果有一组测量数据,A_i 为第 i 点的测量值,X_{0i} 为该点最佳近似值,则该点的残差 V_i 为

$$V_i = A_i - X_{0i} \tag{2.44}$$

最小二乘法原理指出:具有同一精度的一组测量数据,当各测量点的残差平方和为最小时,所求得的拟合曲线为最佳拟合曲线。

如果用一条直线近似表示一批实验数据相互之间的依从关系,该直线可表示成

$$y = Bx + C \tag{2.45}$$

如果 x_i 处实验测量值为 y_i,与近似直线式(2.45)的差值为 e_{yi},则 x_i 处实验测量值可表示成

$$y_i = Bx_i + C + e_{yi}$$

即

$$e_{yi} = y_i - (Bx_i + C)$$

如果实验测量点为 n 个,则均方和(即残差平方和)S 为

$$S = \sum_{i=1}^{n} e_{yi}^2 = \sum_{i=1}^{n} [y_i - (Bx_i + C)]^2 \tag{2.46}$$

根据最小二乘法原理,如果近似直线式(2.45)能满足 $\sum e_{yi}^2$ 为最小的要求,则该式即为最佳近似直线。从数学的角度来考察,式(2.46)中的 B、C 取值要满足 $\sum e_{yi}^2$ 为最小,须满足下面两个条件:

$$\frac{\partial}{\partial B}\left[\sum e_{yi}^2\right] = 0 \tag{2.47}$$

$$\frac{\partial}{\partial C}\left[\sum e_{yi}^2\right] = 0 \tag{2.48}$$

将式(2.46)分别代入式(2.47)及式(2.48),得

$$\sum x_i(y_i - Bx_i - C) = 0 \tag{2.49}$$

$$\sum (y_i - Bx_i - C) = 0 \tag{2.50}$$

式(2.49)和式(2.50)称为正规方程,则

$$x_i(y_i-Bx_i-C)=0 \tag{2.51}$$

$$y_i-Bx_i-C=0 \tag{2.52}$$

称为条件方程。利用正规方程处理实验数据,便可求出拟合一批实验数据的最佳直线的斜率 B 和截距 C。

为了给出斜率的偏差,下面讨论斜率的标准误差。

如果自变量具有相等的间隔,则标准误差为

$$e_0 = \left\{ \frac{n\sum e_{yi}^2}{(n-2)\left[n\sum x^2 - (\sum x)^2\right]} \right\}^{\frac{1}{2}} \tag{2.53}$$

仔细考察上述讨论,可以看到,全部讨论都认为自变量 x 是无误差的,全部误差都集中在 y 上。在很多讨论最小二乘法的书中也认为 x 值是无误差的。但实际上,这种假设有时是不符合实际情况的。比如在校验热电偶的实验中,将实验数据表示成 $E=f(T)$。在实验中,往往可以采用高精度的电位差计或数字电压表来测量热电势 E,可以达到千分之几甚至万分之几的精度。但要想把温度的测量精度提高到万分之几是不可能的,因为热源的均匀、稳定程度和温度的测试手段都难以达到如此高的精度。在这种情况下,假设 y 值无误差才是合理的。如果假设 y 值是无误差的,全部误差集中在 x 上,于是 x 的均方和为

$$\sum e_{yi}^2 = \sum \left(x_i - \frac{y_i}{B} + \frac{C}{B} \right)^2 \tag{2.54}$$

同样,根据最小二乘法原理,式(2.54)必须满足

$$\frac{\partial}{\partial B}\left[\sum e_{yi}^2 \right] = 0 \tag{2.55}$$

$$\frac{\partial}{\partial C}\left[\sum e_{yi}^2 \right] = 0 \tag{2.56}$$

将式(2.54)分别代入式(2.55)及式(2.56),得到

$$\sum (B - x_i - y_i + C) = 0 \tag{2.57}$$

$$\sum y_i(Bx_i - y_i + C) = 0 \tag{2.58}$$

这也是一组正规方程,同样可以通过它们求出最佳的近似直线。可见逼近一批实验数据存在着两个最小二乘解。哪一个更合适,需要对实验测量过程进行误差分析。如果某一坐标轴上的误差明显地大于另一坐标轴上的误差,则应采用前一坐标轴上的最小二乘解。如果两个坐标上的误差是接近的,这时应采用两者的平均值。

应该指出,上面对最小二乘法的讨论并不是最小二乘法的全部,更不能认为最小二乘法只适用于线性函数的拟合。实际上线性函数只是多项式的一个特例。如果把函数表示成一般的多项式形式,则

$$y = C + B_1 x + B_2 x^2 + \cdots + B_m x^m \tag{2.59}$$

这时的正规方程为

$$\sum_{k=0}^{m} S_{k+l} a_k = V_l, l = 0,1,2,\cdots,m \tag{2.60}$$

这是一组以 $a_0,a_1,a_2,\cdots,a_m$ 为未知数的 $(m+1)$ 阶线性代数方程组。这方面的详细阐述请查阅最小二乘法的相关著作。

2.4.3 线性化处理

对于较为复杂的曲线方程,常采用线性化处理的方法,把曲线形式的表达式转化为直线形式的表达式,利用对直线的处理方法来作图和确定表达式中的常数,最后将得到的线性方程还原成原函数形式。

线性化处理就是将非线性函数 $y=f(x)$ 转换成线性函数 $Y=nX+C$,其方法是寻找一新的坐标系 $X-Y$,其中 $X=\varphi(x,y),Y=\psi(x,y)$。原来在 $x-y$ 坐标系中呈曲线关系的实验数据在新的 $X-Y$ 坐标系中呈线性关系。

在热工基础实验中常常应用这种方法进行数据处理。比如管内紊流强迫对流换热实验,其中的努塞尔数 Nu 与雷诺数 Re 呈曲线关系。根据传热学理论和经验,可以把 Nu 与 Re 关系表示成

$$Nu=ARe^n \tag{2.61}$$

令 $Y=\lg Nu,X=\lg Re$,于是,式 2.59 的线性化方程为

$$Y=nX+C \tag{2.62}$$

因此,Nu 与 Re 按式 2.60 整理,则在 $X-Y$ 坐标系中呈线性关系,可以用已讨论过的所有处理直线方程的方法来处理上述数据,求得相应的常数 n 和 $A(C=\lg A)$,然后将已知的线性方程 (2.62) 还原为式 (2.61) 的形式。

为方便起见,下面列出了常见的曲线方程及其线性化方程。

1. 幂函数的线性化方程

$$y=Ax^n \tag{2.63}$$

其线性化方程为

$$Y=nX+C \tag{2.64}$$

式中,$Y=\lg y,X=\lg x,C=\lg A$。

当上述幂指数 n 值不同时,其曲线形状也将不同。当 $n>0$ 时,如图 2.9(a) 所示;当 $n<0$ 时,如图 2.9(b) 所示。按 $X-Y$ 坐标系整理实验数据如图 2.10 所示。

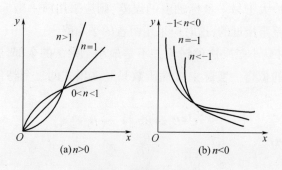

图 2.9　幂函数 $y=Ax^n$

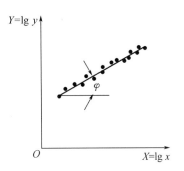

图 2.10 幂函数的线性化过程

根据线性化方程的性质

$$n = \text{tg}\ \varphi \tag{2.65}$$

可由任一点的 x、y 值求出 A，有

$$A = \frac{y}{x^n} \tag{2.66}$$

由以上分析可以看出，对于幂函数分布规律的实验数据，用双对数坐标纸进行整理，就可使实验数据呈线性关系。

幂函数的另一种常用形式是

$$y = a + Ax^n \tag{2.67}$$

取 $X = \lg x$，$Y = \lg(y-a)$，则线性化方程为

$$Y = nX + C \tag{2.68}$$

式中，$C = \lg A$。

如果式 (2.67) 中常数 a、A 及 n 均未知，则需首先根据实验数据求出常数 a。

a 的求法如下：取两点 x_1 及 x_2 和相对应的 y_1 及 y_2 值，然后再取第三点 $x_3 = \sqrt{x_1 x_2}$ 以及相对应的 y_3 值，于是

$$a = \frac{y_1 y_2 - y_3^2}{y_1 + y_2 - 2y_3} \tag{2.69}$$

a 值已知后，便可按 X、Y 整理实验数据，并可在 $X-Y$ 坐标系中求得 n 与 A。

2. 指数函数的线性化方程

指数函数：

$$y = Ae^{nx} \tag{2.70}$$

其图形如图 2.11 所示。取 $X = x$，$Y = \lg y$，于是，其线性化方程为

$$Y = nX + C \tag{2.71}$$

式中，$C = \lg A$，或取 $X = x$，$Y = \lg y$，则其线性化方程为

$$y = 0.434\ 3n\ X + C' \tag{2.72}$$

式中，$C' = \lg A$。

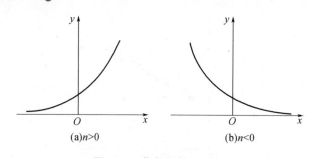

(a)$n>0$ (b)$n<0$

图 2.11　指数函数 $y=Ae^{nx}$

从以上分析可以看到,用单对数坐标纸整理实验数据,便可呈现直线形式。至于方程中的常数 A、n 的确定,这里不再赘述。

3. 多项式的线性化处理

多项式:

$$y=a+bx+cx^2 \tag{2.73}$$

其图形如图 2.12 所示。取 $Y=(y-y_1)/(x-x_1)$,$X=x$,于是,其线性化方程为

$$Y=(b+cx_1)+cX \tag{2.74}$$

其中,x_1、y_1 为已知曲线上的任一点坐标值。通过在 X-Y 坐标系中整理数据,可以得到线性方程的斜率 c 与截距$(b+cx_1)$。由于 c 及$(b+cx_1)$已知,故可解出 b 值。a 可采用下述方法求得,取 n 组数据,于是,可表示成

$$\begin{cases} y_1=a+bx_1+cx_1^2 \\ y_2=a+bx_2+cx_2^2 \\ \quad\vdots \\ y_n=a+bx_n+cx_n^2 \end{cases} \tag{2.75}$$

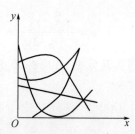

图 2.12　多项式 $y=a+bx+cx^2$

所以

$$\sum_{i=1}^{n} y_i = na + b\sum_{i=1}^{n} x_i + c\sum_{i=1}^{n} x_i^2 \tag{2.76}$$

于是

$$a = \frac{\sum_{i=1}^{n} y_i - b \sum_{i=1}^{n} x_i - c \sum_{i=1}^{n} x_i^2}{n} \qquad (2.77)$$

从以上分析中可以看到,在对数坐标中实验数据呈现出更小的分散度。比如,在 $x = x_i$ 处,实验测量值为 y_i,在相应的拟合曲线上为 y_{0i},则在普通直角坐标中,实验数据的分散度 e_{10} 为

$$e_{10} = \frac{y_i - y_{0i}}{y_{0i}} = \frac{y_i}{y_{0i}} - 1 \qquad (2.78)$$

而在对数坐标中,其分散度 e_{1g} 为

$$e_{1g} = \frac{\lg y_i - \lg y_{0i}}{\lg y_{0i}} = \frac{\lg y_i}{\lg y_{0i}} - 1 \qquad (2.79)$$

很明显,对于大于 1 的实验数据,$e_{1g} < e_{10}$。可见,分散度很大的实验数据,在对数坐标中却能显现出较明显的规律性,这为实验数据的处理带来了一定的方便。

第 3 章 工程热力学实验项目

3.1 气体温度计的标定

气体温度计的测量精度很高,测量的范围可由-273 ℃到1 500 ℃。根据测量的范围不同,可采用氢、氮、氦等气体。标准的氢气体温度计测量精度可达到0.005 ℃。气体温度计是一种精度非常高的热力学温度测量仪器,常用来作为标定和校验其他次级温度计的基准温度计。

气体温度计的基本测量原理是热力学原理中的理想气体状态方程 $PV=nRT$,利用理想气体温度计测出的温度常称为热力学温度。由理想气体状态方程可知,当容积 V 不变时,压力 P 随温度 T 成比例变化;而当压力 P 不变时,容积 V 随温度 T 成比例变化。据此可制成定容气体温度计、定压气体温度计与测温泡定温气体温度计,这三种气体温度计是最为常用的。

由于用定压的方法测量气体体积比较困难,因此在使用上受到一定的限制。定温气体温度计适用于高温环境中。低温气体温度计大多采用定容气体温度计,主要原因是定容在技术上容易实现,低温条件下分子吸附作用的影响也较小,温度计灵敏度较高。定容气体温度计是应用最为广泛的气体温度计,本实验就采用定容气体温度计。

3.1.1 实验目的和要求

1. 了解气体温度计测温的热力学原理。
2. 定容气体温度计标定。
3. 用标定的定容气体温度计校验水银温度计。

3.1.2 实验原理

1. 基本知识

(1)气体温度计的原理

定容气体温度计由测温泡、压力表、毛细管组成。其原理图如图3.1所示。

一般情况下,测温泡用铜制作,体积约为几十立方厘米,假设它的体积为 V_B。压力表(可以用水银压力计,也可以用弹簧压力计)的容积为 V_M,测温泡和压力表之间通常用一根外径为0.5 mm、内径为0.3 mm的德银毛细管连接,其体积为 V_d,V_d 称为有害体积或死体积。

在 $V_d \ll V_B$ 的情况下,对于上述气体温度计,若测温气体满足理想气体状态方程,则有

$$\frac{PV_B}{RT}+\frac{PV_M}{RT_0}\approx n=\frac{P_0V_B}{RT_0}+\frac{P_0V_M}{RT_0} \tag{3.1}$$

式中　V_B——测温泡的容积,cm^3;

$\quad\quad V_M$——室温下压力计的容积,cm^3;

$\quad\quad T_0$——室温,K;

$\quad\quad T$——测温泡的温度,K;

$\quad\quad P$——压力计指示的压力,MPa;

$\quad\quad P_0$——充气压力,MPa。

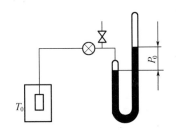
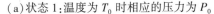
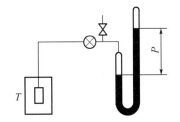

（a）状态 1:温度为 T_0 时相应的压力为 P_0　　　　（b）状态 2:温度为 T 时相应的压力为 P

图 3.1　定容气体温度计原理图

此时,若 V_B、V_M 处于室温状态下,式(3.1)可改写为

$$\frac{1}{T}=\frac{P_0(V_B+V_M)}{PT_0V_B}-\frac{V_M}{T_0V_B}=\frac{a}{P}-b \tag{3.2}$$

或

$$T=\frac{P}{a-bP} \tag{3.3}$$

式中,$a=\dfrac{P_0(V_B+V_M)}{T_0V_B}$,$b=\dfrac{V_M}{T_0V_B}$,$a$ 和 b 均为常数,可由实验测得,由式(3.3)可以计算出所测任一压力 P 下的测温泡温度 T。

（2）实验用气体温度计的结构

气体温度计可以用来实现热力学温标,但是要建立作为基准的精密气体温度计并不容易。这里介绍一种实验室里常用的结构简单、精度较高的气体温度计,其结构示意图如图3.2所示。

从测温泡内引出德银毛细管C,用环氧树脂接到玻璃毛细管 G 上,W 和 V 用同样管径（$\phi10$ mm）的玻璃管制作,W 处的水银面要尽量高,以减小 V_M,水银面不能进入玻璃管直径有变化的地方,且每次测量时要保持在同一位置,以保证测温泡气体体积恒定。水银面的升降是靠向 F 充气与减压来实现的。N 是一个针型阀,N 前再加一个可控制水银面高度的微调阀S。测温泡受热后,气体可存在泡 D 中,使水银面降到 J 以下。可以通过管 V 对温度计进行抽空或充气,气体压力 P 由管 V 中的水银面相对于标记 O 的高度读出。

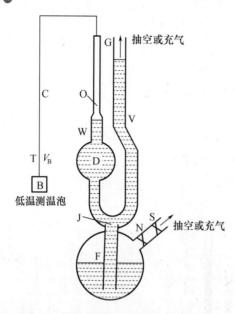

图 3.2　实验室用气体温度计结构示意图

(3)气体温度计的修正

气体温度计是基于理想气体状态方程设计的,而实际气体在低温下与理想气体的性质有很大的不同,温度越低,这种偏差越大,为了能够精确地测量温度,需要从工作气体的非理想性修正、毛细管体积的修正、测温泡体积冷缩的修正、热分子压差的修正等几个方面,对温度计进行修正。

①工作气体的非理想性修正

在低温下,实际气体的状态应该由真实气体的状态方程来描述,即用无穷级数或用维里系数来表示:

$$PV=RT\left[1+B(T)\left(\frac{n}{V}\right)+C(T)\left(\frac{n}{V}\right)^2+\cdots\right] \tag{3.4}$$

或

$$PV=RT\left\{1+B(T)\left(\frac{P}{RT}\right)+\left[C-B^2(T)\right]\left(\frac{P}{RT}\right)^2+\cdots\right\} \tag{3.5}$$

式中,$B(T)$、$C(T)$分别是第二与第三维里系数,他们都是温度的函数,其值可由实验来确定。

如果测温泡温度等于室温,即在室温下充气,$T=T_s$,充气压力为P_s,则

$$\frac{PV_B}{RT+B(T)P}+\frac{PV_M}{RT_0}=\frac{P_sV_B}{RT_s+B_sP_s}+\frac{P_sV_M}{RT_0} \tag{3.6}$$

在$V_M\ll V_B$,$T_0\gg T$时,式(3.6)可近似为

$$\frac{PV_B}{RT+B(T)P}=\frac{P_sV_B}{RT_s+B_sP_s} \tag{3.7}$$

因此,可以计算出由于气体非理想性引起的温度误差为

$$T_1 = T_1 - T = [B_s - B(T)]\frac{P}{R} \qquad (3.8)$$

充气温度或标定温度与待测温度越接近,$[B_s - B(T)]$ 值越小,气体非理想性引起的温度误差也就越小。同样,温度越低,压力越高,产生的误差也就越大。

②毛细管体积的修正

由于毛细管的上部处于室温中,它的体积可以认为包括在 V_M 中,但是它的温度从室温到低温变化很大,要准确计算这段毛细管引起的误差是十分困难的,一般假定这段毛细管各部分的温度等于测温泡的温度,则由这段毛细管引起的最大温度误差为

$$T_2 = \frac{V_C}{V_B}T \qquad (3.9)$$

从式(3.9)可知,若要求温度计的准确率高于1%,当毛细管内径为 0.5 mm、长为 50 cm ($V_C = 0.1$ cm³) 时,测温泡的体积应大于 10 cm³。在使用时,还应该注意,毛细管的温度不应该比测温泡的温度低,否则大部分气体集中在这段毛细管,会引起很大的误差。

③测温泡体积冷缩的修正

严格地说,等容气体温度计并不是等容的,由于测温泡体积受冷收缩,V'_B 引起的测量误差为

$$T_3 = \frac{V'_B}{V_B}T \qquad (3.10)$$

由于 $V_B < 0$,故 $T_3 < 0$。

测温泡通常用导热性能良好的纯铜制作,它从 90 K 被冷却到 4 K,仅仅收缩5%。以液氧和液氮温度来分度,此项误差小于0.05%。

④热分子压差的修正

当气体的平均自由行程比毛细管直径大时,处在室温 T_0 下的压力读数和低温泡中的压力有所差别,这就是热分子压差效应。例如,毛细管内径为 0.5 mm、压力 $P < 2.66$ kPa 时,热分子压差效应引起的误差仅为0.1%,因此,通常其修正值可以略去不计。

除上述修正外,有时还需考虑对参考温度测量的准确度、压力测量的准确度和气体吸附加以修正。

2. 实验原理

热力学温标采用水的三相点作为温度定点,温度值为 273.15 K,如果待测的温度为 T,根据理想气体定律,绝对温度为零时,压力为零,则定容气体温度计测定的温度 T 由气体压力 P 表示如下:

$$T = \frac{P}{P_{tr}} \times 273.16 \qquad (3.11)$$

式中 P_{tr}——定容气体温度计中的气体处于水的三相点温度时的压力,kPa;

P——定容气体温度计的气体处于测定温度时的压力,kPa。

实验室标定定容气体温度计时采用水的冰点作为定点,取水的沸点作为补充定点。设

定压力 760 mmHg^①时,纯水的冰点温度为 273. 15 K 或者为 0 ℃,沸点温度为 373. 15 K 或者为 100 ℃。设定容气体温度计中的气体处于冰点温度与沸点温度的压力分别为 P_0 与 P_{100},则差值($P_{100}-P_0$)的 1%即为相应于温度差值为 1 ℃的压力分度值。由此做出刻度线如图 3.3 所示。

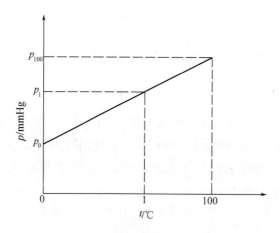

图 3.3　定容气体温度计的刻度线

利用标度好的定容气体温度计进行测量时,如定容气体温度计的气体与待测介质达到热平衡时的压力为 P_t,则定容气体温度计测出的介质温度 t_v 可根据气体压力由下式确定:

$$t_v = \frac{P_t - P_0}{P_{100} - P_0} \times 100 \tag{3.12}$$

在水的冰点与沸点之间的温度范围内,空气的性质与理想气体差别很小。因此,用水的冰点与沸点作为定点的实际气体温标十分接近于理想气体温标,在需要精确测量时,可以采取前面介绍的修正方法对实际气体测量的偏差加以修正,以得到较为精确的结果。

3.1.3　实验设备

实验主要设备有定容气体温度计(带压差计)、恒温水浴器和水银温度计。实验台装置如图 3.4 所示。

定容气体温度计由测温泡 1 与玻璃 U 形管压差计 2 组成。测温泡浸没在大烧杯内的水中,压差计固定在垂直的支架上。支架上附有米尺,滑标 9 沿米尺移动,可以读出压差计两臂水银面顶端的高度差。

连接测温泡与压差计左臂的玻璃毛细管(连通管 3)上有两个旋塞。测量时,三通旋塞 5 连通测温泡和压差计;调整时,三通旋塞 5 断开测温泡与压差计之间的连接,测温泡 1 与外界连通,可对测温泡进行充气与放气。二通旋塞 6 在测量时使测温泡与压差计相通,不测量时使它们隔绝。

玻璃毛细管的一端有小玻璃泡 4,泡上刻有水平线标志 C。要求每次测量时都使压差

---

① 1 mmHg=0.133 kPa。

计左臂的水银面维持在水平标志线上。

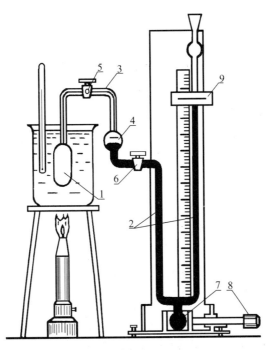

1—测温泡；2—压差计；3—连通管；4—小玻璃泡；5—三通旋塞；6—二通旋塞；7—皮囊；8—旋杆；9—滑标。

图 3.4　定容气体温度计实验台装置

3.1.4　实验步骤

（1）旋转三通旋塞，用过滤干燥后的空气对测温泡反复进行充气与放气（测温泡的充气压力通常取 0 ℃时为 1 000 mmHg），使测温泡内充满干燥空气。

（2）将测温泡和待校验的水银温度计一起放入大烧杯中，烧杯中的水量应能全部浸没测温泡。

（3）测定测温泡内气体与沸腾水达到热平衡时的压力 P_b：用酒精灯将烧杯内的水加热至沸腾。水沸腾时，读取压差计右臂水银面高度 h_b 与左臂水银面高度 h_c，同时读取水银温度计指示值 t。测温泡内气体的压力由下式确定：

$$P_b = B + (h_b - h_c) \tag{3.13}$$

式中　B——大气压力，mmHg。

（4）测定任意温度下与水达到热平衡时的压力 P_t：在上述烧杯中徐徐加入冷水并搅拌，使烧杯中的水慢慢冷却。在水冷却过程中，当水银温度计指示值约为 90，80，70，…，t ℃时，同时读取水银温度计指示值和压差计相应的右臂水银面高度 h_{90}，h_{80}，h_{70}，…，h_t，直到水银温度计的指示值下降到 10 ℃为止。于是，任意温度时的气体压力 P_t 可确定如下：

$$P_t = B + (h_t - h_c) \tag{3.14}$$

（5）测定与冰水达到热平衡时的压力 P_0：将烧杯内的水换以冰水混合物，等到水银温度计的指示值不再下降而达到稳定时，记下水银温度计的指示值和压差计相应的右臂水银面

高度 h_0,可以按照下式确定 P_0:

$$P_0 = B + (h_0 - h_c) \tag{3.15}$$

3.1.5 实验数据的记录与处理

(1)实验开始与实验结束时分别读取大气压力计指示值一次,以两次读数的平均值作为实验时大气压力 B 的数值。

(2)标定定容气体温度计时,水沸腾时的温度可以根据大气压力查表(表3.1),作为水沸腾时测温泡内的空气的温度 t_{vb}。测温泡内空气与冰水混合物达到热平衡时的温度可视为 $0.0 \,^\circ\!C$。于是,对应于测温泡内空气压力为任一值 P_t 时的温度 t_v 为

$$t_v = \frac{t_{vb}}{p_b - P_0}(P_t - P_0) \tag{3.16}$$

得到式(3.16)后定容气体温度计即标定完成。

表 3.1 不同大气压力(mmHg)下水的沸点温度   单位:℃

B	0	1	2	3	4	5	6	7	8	9
730	98.88	98.92	98.95	98.99	99.03	99.07	99.11	99.14	99.18	99.22
740	99.26	99.29	99.33	99.37	99.41	99.44	99.48	99.52	99.56	99.59
750	99.63	99.67	99.70	99.74	99.78	99.82	99.85	99.89	99.93	99.96
760	100.00	100.04	100.07	100.11	100.15	100.18	100.22	100.26	100.29	100.33
770	100.36	100.40	100.44	100.47	100.51	100.55	100.58	100.62	100.65	100.69

(3)用定容气体温度计校验水银温度计:水银温度计的校正值为

$$\Delta t = t_v - t \tag{3.17}$$

以水银温度计读数为横坐标,校正值为纵坐标作图,在图上标出各校验温度相应的校正值,并连成折线。

3.1.6 实验注意事项

(1)测定测温泡内空气压力时,压差计左臂水银面顶端应调节到水平标志线 C。如果水银面原来已高于标志线,则应先降下来再调节上升到标志线上,并保持每次读数时水银面在标志线上的位置相同。

(2)校验水银温度计时,为了促使水冷却,可以加入冷水,同时搅拌。当温度下降到比待校温度高 $1 \sim 2 \,^\circ\!C$ 时,便应该停止加入冷水,让水温自然缓慢冷却。

(3)实验过程中,不得转动三通旋塞。应保证旋塞严密,不漏气。

(4)当停止加热时,必须将皮囊放松,使水银面下降。否则,当测温泡内空气压力在受到冷却而下降时,压差计的水银可被压入测温泡内,导致仪器无法继续使用。因此,每次读数后都必须将压差计左臂水银面降低到水平标志线以下。

3.1.7 思考题

(1)测温泡在高温时充气还是在低温时充气？其利弊如何？

(2)试分析该装置可能给定容气体温度计测量带来误差的原因。

(3)该装置能不能作为定压气体温度计,怎样标定？

3.2 空气绝热系数测量实验

气体的绝热系数(也称为比热容比)是气体状态方程中的重要参数。本实验采用绝热膨胀法测定空气的比热容比,学生通过观测空气热力学过程中的状态参数变化,可以加深对理想气体状态方程和热力学过程的理解。

3.2.1 实验目的和要求

(1)掌握利用绝热膨胀法测定空气比热容比的原理和方法。

(2)分析空气热力学过程中的状态参数变化规律。

(3)了解气体压力传感器和电流型集成温度传感器的原理及使用方法。

3.2.2 实验原理

理想气体(1 mol)比热容 C_p 和定容比热容 C_v 之间关系由下式表示:

$$C_p - C_v = R \tag{3.18}$$

式中,R 为气体常数。

气体的比热容比 γ 表示气体定压比热容和定容比热容的比值,即

$$\gamma = \frac{C_p}{C_v} \tag{3.19}$$

气体比热容比测量方法较多。本实验采用绝热膨胀法测量空气比热容比,以空气瓶内存储的空气为研究对象,通过调节空气瓶的充气阀和放气阀,改变瓶内空气压力,实现瓶内气体状态从状态Ⅰ→状态Ⅱ→状态Ⅲ的过程。

瓶内气体初始状态为环境状态,其压力和温度分别为 P_0、T_0(P_0 为环境大气压强,T_0 为室温)。

用充气球向瓶内充入一定量的气体,此时瓶内空气被压缩,压力增大,温度升高。待气瓶内部空气温度稳定时,气体处于状态Ⅰ,其状态参数压力、体积、温度记为 P_1、V_1、T_1。此时瓶内气体未与环境温度达到完全平衡,其温度 T_1 不完全等于环境温度 T_0。(这里标记为 T_1,其值接近于 T_0。)

迅速打开放气阀,当瓶内空气压力降至 P_0 时,立刻关闭放气阀。由于放气过程较快,瓶内气体与环境的热交换量较少,可视为绝热膨胀过程。此时,气体由状态Ⅰ(P_1, V_1, T_1)转变为状态Ⅱ(P_0, V_2, T_2)。绝热膨胀后气体的压力为环境压力 P_0,温度为 T_2,体积为 V_2

（V_2 为贮气瓶体积）。

    绝热膨胀过程中工质的压力温度均下降，所以瓶内气体温度 T_2 低于初温 T_1，也低于环境温度 T_0。瓶内气体慢慢从环境吸热，直至达到初温 T_1 为止（接近环境温度），此时瓶内气体压强也随之增大为 P_2，气体变为状态Ⅲ（P_2，V_2，T_1）。从状态Ⅱ至状态Ⅲ的过程可以看作一个等容吸热的过程。

    状态Ⅰ→状态Ⅱ→状态Ⅲ的过程如图 3.5 所示。

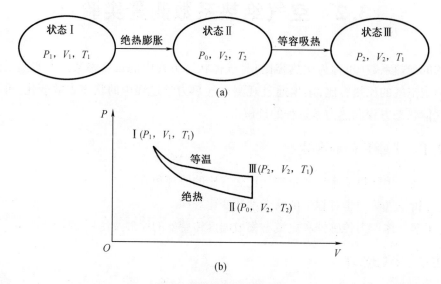

图 3.5　实验过程状态分析

    状态Ⅰ→状态Ⅱ是绝热过程，由绝热过程方程得

$$P_1 V_1^\gamma = P_0 V_2^\gamma \tag{3.20}$$

    状态Ⅰ和状态Ⅲ的温度均为 T_1，状态Ⅰ到状态Ⅲ过程可视为等温过程。由气体状态方程得

$$P_1 V_1 = P_2 V_2 \tag{3.21}$$

    合并式（3.20）和式（3.21），消去 V_1、V_2 得

$$\gamma = \frac{\ln P_1 - \ln P_0}{\ln P_1 - \ln P_2} = \frac{\ln(P_1/P_0)}{\ln(P_1/P_2)} \tag{3.22}$$

    由式（3.22）可以看出，只要测得 P_0、P_1、P_2，就可求得空气的比热容比 γ。

    需要指出的是，在上述热力学状态过程中（状态Ⅰ→状态Ⅱ→状态Ⅲ），如图 3.6 所示，我们关注的对象是瓶内气体量为 n_2 的部分空气（不是瓶内全部空气）。

    从状态Ⅰ→状态Ⅱ的放气过程中，气体量 n_2 从状态Ⅰ时瓶内局部到状态Ⅱ时恰好充满整个瓶体，气体量 n_2 没有变化。（放气过程中排放掉的气体是状态Ⅰ时瓶内虚线以上部位的气体，其量为 $n_1 - n_2$。）

    从状态Ⅱ→状态Ⅲ的等容吸热过程中，放气阀处于关闭状态，瓶内气体量无变化，瓶内气体量为 n_2。

    综上，可以认为从状态Ⅰ→状态Ⅱ→状态Ⅲ的过程中，气体量 n_2 没有变化，上述推导过程是合理的。换句话说,气体总量 n_1 对上述推导过程无影响,放气量 n_1-n_2 对推导过程也无影响。

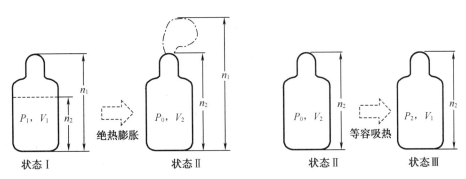

图 3.6 状态 I →状态 II →状态 III 过程空气量变化示意图

3.2.3 实验设备及操作规程

1. 实验设备

本实验采用上海复旦天欣科教仪器有限公司生产的 FD-NCD-II 型空气比热容比测定仪(本实验中关于实验设备、实验原理、实验操作等方面内容,大部分来自该公司提供的有关技术资料)。该仪器主要由三部分组成:机箱(含数字电压表两只)、贮气瓶、传感器两只(AD590 集成温度传感器、硅压力传感器)。机箱各部分简图及说明如图 3.7 所示。

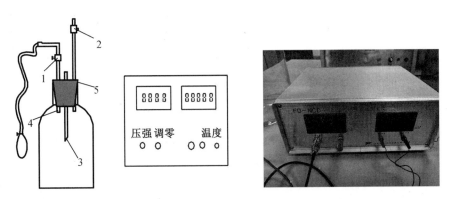

1—充气阀 C1;2—放气阀 C2;3—AD590 集成温度传感器;4—硅压力传感器;5—704 胶黏剂。

图 3.7 机箱各部分简图及说明

2. 设备的主要技术指标

(1)贮气瓶,主要包括空气瓶、气囊、充气阀 C1、放气阀 C2 等,如图 3.8 所示。

(2)数字电压表,用来显示瓶内气体压力和温度,其中硅压力传感器(测量压力)的显示仪表为三位半数字电压表;AD590 集成温度传感器(测量温度)显示仪表为四位半数字电压表,如图 3.9 所示。

(3)硅(扩散硅)压力传感器,测量范围为 $0 \sim 10$ kPa(相对压力),灵敏度为 20 mV/kPa,

精度为 5 Pa。实验时,贮气瓶内空气压强变化范围约 6 kPa。

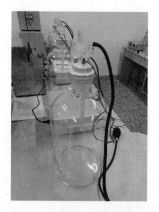
(a)空气瓶和气囊

(b)放气阀 C2

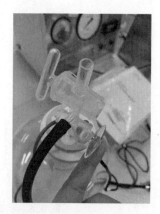
(c)充气阀 C1

图 3.8　贮气瓶各部分简图及说明

图 3.9　用于压力和温度显示的数字电压表

(4)AD590 集成温度传感器,是利用 PN 结正向电流与温度间的对应关系制成的单片集成两端感温电流源,供电电压为 5~30 V。该传感器温度每升高 1 K,输出电流增加 1 μA,即

$$\frac{I_r}{T} = 1 \tag{3.23}$$

式中,I_r 为流过器件(AD590)的电流,μA;T 为器件热力学温度,K。

本实验中利用 AD590 集成温度传感器测温的原理如图 3.10 所示。AD590 集成温度传感器与 6 V 电源和 5 kΩ 电阻串联形成测量电路,测量端为 5 kΩ 电阻两端的输出电压值,接量程为 0~2 000 mV 的四位半数字电压表。从式(3.23)可以看出,传感器温度每升高 1 K(1 ℃),$\Delta U = I_r \times 5 \ k\Omega = 5 \ mV$。若测量端电压表示值为 ΔU(mV),则对应的温度值(℃)为

$$\Delta t = \frac{\Delta U}{5} - 273$$

3.2.4　实验步骤

(1)打开空气瓶的充气阀 C1 和放气阀 C2,使瓶内空气压力和环境空气气压相同。打开机箱电源,预热 10 min 左右。用实验室提供的测量仪器,读取并记录环境温度和压力值。

(2)关闭放气阀 C2,打开充气阀 C1,调节压力表的调零旋钮,使其示数为 0 mV,如

图 3.11 中仪表左侧读数所示。

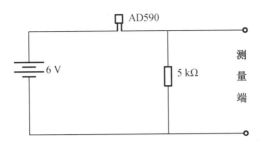

图 3.10　AD590 集成温度传感器测温的原理

图 3.11　气压表归零调节

（3）用手挤压气囊，使空气缓慢进入空气瓶，用压力传感器和 AD590 集成温度传感器测量空气的压强与温度。当空气瓶内气压达到一定数值时（压力表示数在 120 mV 附近即可），关闭放气阀 C2。待瓶内压强及温度稳定，记录表征瓶内气体压强和温度的电压值 P_1' 及 T_1'。该过程参考结果如图 3.12 所示。

图 3.12　某次测量的空气压力/温度值（状态Ⅰ）

（4）打开并迅速关闭放气阀 C2，使得瓶内空气压力迅速下降到环境大气压力 P_0（此时放气声消失）。测量结果表明，过早或过晚关闭放气阀 C2 会降低测量精度。建议根据瓶子释放空气产生的声音来确定阀门关闭时间。

（5）当贮气瓶内空气的温度上升至 T_1 时（其值接近于室温 T_0 时即可记录数据），记下贮气瓶内气体的压力值 P_2' 和温度值 T_2' 对应的电压值（因温度完全平衡需要较长时间，且实验过程中室温可能有变化。为减少实验时间，无须等待瓶内空气温度与环境温度完全平衡再记录数据）。某次测量的空气压力/温度值（状态Ⅲ）如图 3.13 所示。

（6）重复步骤（2）至步骤（5），将实验数据记录到表格中，记为 1 次实验。总共完成 4 次实验，并记录实验结果。

图3.13 某次测量的空气压力/温度值(状态Ⅲ)

3.2.5 实验数据的记录与处理

用表3.2记录数据($P_1'T_1'$对应状态Ⅰ;$P_2'T_2'$对应状态Ⅲ),并计算空气比热容比(绝热系数)。实验课上记录有关实验数据即可,数据处理过程及计算结果分析在课后完成。

表3.2 实验数据记录表

$P_0(10^5\,\text{Pa})$	$P_1'(\text{mV})$	$T_1'(\text{mV})$	$P_2'(\text{mV})$	$T_2'(\text{mV})$	$P_1(10^5\,\text{Pa})$	$P_2(10^5\,\text{Pa})$	$\gamma=\dfrac{C_p}{C_v}$

(1)表中 $P_1=P_0+P_1'/2\,000$;$P_2=P_0+P_2'/2\,000$。其中 P_0 单位为 $10^5\,\text{Pa}$;P_1' 和 P_2' 单位为 mV;$P_1'/2\,000$ 和 $P_2'/2\,000$ 的单位为 $10^4\,\text{Pa}$(该压力传感器表示数 200 mV 时对应的空气压力值为 $1\times10^4\,\text{Pa}$)。

(2)空气绝热系数理论值 $\gamma=1.402$。

3.2.6 实验注意事项

(1)当打开放气阀 C2 释放空气时,放气时间过长或太短可能会导致实验结果出现较大误差。由于数字仪表显示存在延迟,因此无法通过数字仪表的指示是否接近"0"(环境大气压力)来判断放气阀 C2 的关闭时机。(高精度实时测量结果表明,阀门放气时间约为零点几秒,远小于本实验压力测量系统的系统惯性和人的观测反应时间。)多次实践结果表明,通过放气声音判断关闭放气阀 C2 的时机,是简便可行的,可以取得较好的测量结果。

(2)理想实验条件下,环境温度应保持不变。如果环境温度快速变化,实验误差可能会增大。

(3)充气和放气后,空气需要较长时间才能完全恢复到室温,很难确保室温在此过程中不发生变化。

（4）不要在窗户下或阳光强烈的地方做实验。

（5）实验数据表明,当瓶内空气温度(电压表示数)变化较小时,其温度值稳定且接近环境温度,可以认为瓶内和瓶外空气处于平衡状态。

3.2.7 思考题

（1）说明你的测量结果和理论值之间的差异,分析测量结果与理论值之间存在差异的原因。

（2）解释放气阀 C2 的放气时间(过长或过短)如何影响实验结果。不要直接给出你认为正确的结论,要给出推理和论证的过程。建议根据理想气体相关知识,分析放气过程中压力和温度的变化,并通过公式支持你的观点。

（3）根据观察到的实验现象分析本实验的绝热膨胀过程。建议通过三个步骤来分析:首先指出你实验中的哪个过程可以被视为绝热膨胀过程,为什么?其次从理论上指出绝热膨胀过程的参数(P,T)是如何变化的,最好结合公式来解释。最后指出你在实验中观测到的状态参数(P,T)变化过程与理论过程是否一致,并解释说明。

（4）根据你的理解,描述一个与本实验中部分空气从瓶中快速排出过程最为相似的过程,可以用 p-v 图的方式说明。注意要尽可能地详细描述该过程,不要只是命名一个过程,要详细说明过程变化方向、参数变化情况等。

3.3 二氧化碳综合实验

工质的热物性是工程热力学课程研究的主要内容之一。通过对二氧化碳 p-v-t 关系的测定,观察二氧化碳液化过程的状态变化及经过临界状态时的气液突变现象,测定等温线和临界状态参数。

3.3.1 实验目的和要求

（1）了解实际气体的性质和热力学一般关系式,加深对课堂所讲的工质的热力状态、凝结、汽化、饱和状态等基本概念的理解。

（2）了解二氧化碳临界状态的观测方法,增加对临界状态概念的感性认识。

（3）学会活塞式压力计、恒温器等部分热工仪器的正确使用方法。

（4）掌握二氧化碳的 p-v-t 关系的测定方法并学会运用实验来测定实际气体状态变化规律的方法和技巧。

3.3.2 实验原理

实际气体具有相似的物理特性,以水蒸气为代表的实际气体都具有这样的特性:饱和温度随着压力增大而升高,但 v' 与 v'' 间的差值随着压力的增大而减小。当压力上升到一定的数值后,饱和水和饱和蒸气就不再有分别了,这样的状态点称为实际气体的临界点,其压力、温度和比体积分别称为临界压力、临界温度、临界比体积,分别用 p_{cr}、t_{cr}、v_{cr} 表示。当 $t > t_{cr}$ 时,不论压力多大,再也不能使蒸气液化。

由于在临界点时,汽化潜热等于零,饱和气相线和饱和液相线合于一点,所以这时气液的相互转化不是像临界温度以下时那样逐渐积累,需要一定的时间,表现为一个渐变的过程,而这时当压力稍有变化时,气、液是以突变的形式互相转化的。研究实际气体的性质在于寻求其热力参数间的关系,重点在于建立实际气体的状态方程。

当简单可压缩热力系统处于平衡状态时,状态参数压力 p、温度 t 和比容 v 之间存在一定的函数关系,有

$$F(p,v,t) = 0 \qquad (3.24)$$

或者

$$t = f(p,v) \qquad (3.25)$$

当温度维持不变时,测定与不同压力所对应的比容数值,从而可获得等温线的数据。

理想气体的等温线为双曲线,而实际气体的等温线是分段的。当温度低于临界温度时,实际气体的等温线有气液相变的直线段;当温度高于临界温度时,实际气体的等温线才逐渐接近于理想气体的等温线。因此,用理想气体的理论不能解释实际气体的气液两相转化现象和临界状态。这说明理想气体有关分子模型的两点假设对于压力趋近于零的气体是合理的,而当压力升高或者比容降低时,气体分子本身占据的体积的影响越来越大,而分子间的相互作用力也变得越来越明显,因此出现了上述现象。为此,1873 年范德瓦尔对理想气体状态方程做了相应修正,提出下列状态方程:

$$\left(P + \frac{a}{v^2}\right)(v - b) = RT \qquad (3.26)$$

或者

$$p = \frac{RT}{v-b} - \frac{a}{v^2} \qquad (3.27)$$

式中,a、b 是各种气体所特有的、数值为正的常数,称为范德瓦尔常数。该方程称为范德瓦尔方程。

将理想气体状态方程与范德瓦尔方程相比较,在范德瓦尔方程中,考虑分子间的相互作用力而对压力进行了修正,增加了一项 $\frac{a}{v^2}$,这一项有时称为内压,由于分子间的引力作用,气体对容器壁面所加压力要比理想气体的小一些。考虑气体分子本身所占的体积,所以在代表气体总容积的一项上减去 b 值,范德瓦尔方程是比容 v 的三次方程,在 p-v 图上以一簇等温线表示,在临界温度以上,一个压力相对应只有一个 v 值,即只有一个实根,在临界温度以下,与一个压力值对应的有三个值,在这三个实根中,最小值是饱和液体比容,最大值是饱和蒸气的比容,中间值没有物理意义。得到三个相等实根的等温线上的点为临界点。范德瓦尔方程在饱和液体区与饱和蒸气区内与实验结果符合不好,尽管范德瓦尔方程还不够完善,但是它反映了物质气液两相的性质和两相转变的连续性。由此方程可得临界

温度等温线拐点,满足下述条件:

$$\left(\frac{\partial p}{\partial v}\right)_T = 0 \quad 和 \quad \left(\frac{\partial^2 p}{\partial v^2}\right)_T = 0 \tag{3.28}$$

本实验根据范德瓦尔方程,采用等温的方法来测定二氧化碳 p-v 之间的关系,从而找出实际气体二氧化碳的 p-v-t 关系。

3.3.3　实验设备及操作规程

1. 实验设备及仪表

实验所用设备及仪表有实验台本体及其防护罩、恒温器、压力台等三大部分组成。实验台本体如图 3.14 所示,实验台系统图如图 3.15 所示。

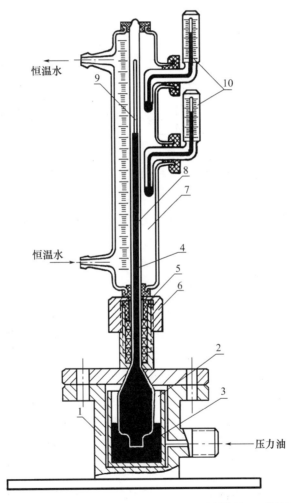

1—高压容器;2—玻璃杯;3—压力油;4—水银;5—密封填料;6—填料压盖;
7—恒温水套;8—承压玻璃管;9—二氧化碳空间;10—温度计。

图 3.14　实验台本体示意图

2. 操作规程

（1）使用恒温器调定温度

①将蒸馏水注入恒温器内，注至离盖 2~3 cm 为止。检查并接通电源，开通电动泵，使水循环对流。

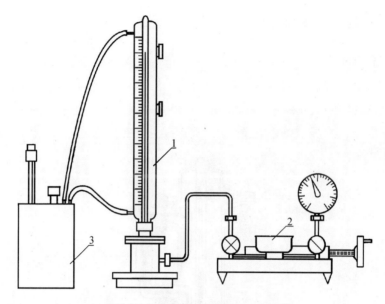

1—实验台本体；2—活塞式压力计；3—恒温器。

图 3.15　二氧化碳实验台系统图

②旋转电接点温度计顶端的帽形磁铁调动凸路轮示标，使凸路轮上端面与所要调定的温度一致，要将帽形磁铁用横向螺钉锁紧，以防转动。

③视水温情况开关加热器，当水温未达到要调定的温度时，恒温器指示灯是亮的，当指示灯时亮时灭闪动时，说明温度已达到所需恒温。

④观察玻璃水套上两支温度计，若其读数相同且与恒温器上温度计及电接点温度计标定的温度一致（或基本一致），则可（近似）认为承压玻璃管内的二氧化碳的温度处于所标定的温度。

（2）加压前的准备

①关闭压力表及进入本体油路的两个阀门，开启压力台上油杯的进油阀门。

②摇退压力台上的活塞螺杆，直至螺杆全部退出，这时候压力台的油缸中充满了油。

③先关闭油杯阀门，然后开启压力表和进入本体油路的两个阀门。

④摇进压力台上的活塞螺杆，给本体充油。如此重复，直至压力表上有读数为止。

⑤再次检查油杯阀门是否关好，压力表和进入本体油路的两个阀门是否开启，若均已稳定，即可进行实验。

3.3.4 实验步骤

1. 观察实验

(1)临界乳光现象

将水温加热到临界温度(31.1 ℃)并保持温度不变,摇进压力台上的活塞螺杆使压力升至 7.8 MPa 附近,然后摇退活塞螺杆(注意勿使实验本体晃动)降压,在此瞬间玻璃管内将出现圆锥状的乳白色的闪光现象,这就是临界乳光现象。这是由于二氧化碳分子受重力场作用沿高度分布不均和光的散射所造成的,可以反复几次,来观察这一现象。

(2)整体相变现象

由于在临界点时,汽化潜热等于零,饱和气相线和饱和液相线合于一点,所以这时气液的相互转化不像临界温度以下时那样逐渐积累,需要一定的时间,表现为一个渐变的过程,而是当压力稍有变化时,气、液是以突变的形式互相转化的。

(3)汽、液两相模糊不清的现象

处于临界点的二氧化碳具有共同的参数(p,v,t),因而仅凭参数是不能区分此时二氧化碳是气体还是液体,如果说它是气体,那么这个气体是接近了液态的气体,如果说它是液体,那么这个液体是接近了气态的液体。下面就用实验来验证这个结论。因为这时是处于临界温度下,如果按等温线过程进行来使二氧化碳压缩或膨胀,那么管内是什么也看不到的。现在我们按绝热过程来进行。首先在压力等于 78 atm① 附近,突然降压,二氧化碳状态点由等温线沿绝热线降到液态区,管内二氧化碳出现了明显的液面,这就说明,如果这时管内二氧化碳是气体的话,那么这种气体离液区很接近,可以说是接近了液态的气体;当我们在膨胀之后,突然压缩二氧化碳时,这个液面又立即消失了,这就告诉我们,此时的二氧化碳液体离气区也是非常近的,可以说是接近了气态的液体。既然此时的二氧化碳既接近气态又接近液态,所以,只能处于临界点附近。这就是临界点附近饱和汽液模糊不清的现象。

2. 测量实验

(1)测定承压玻璃管内二氧化碳的质面比常数 k 值

由于充进承压玻璃管内二氧化碳的质量不便测量,而玻璃管内径或截面积(A)又不易测准,因而实验中是采用间接的方法来确定二氧化碳的比容,认为二氧化碳的比容与其高度是一种线性关系,具体有如下两种方法。

已知二氧化碳液体在 20 ℃、10 MPa 时的比容:

$$v(20\ ℃,10\ MPa) = 0.001\ 17\ m^3/kg \tag{3.29}$$

如前操作实地测出本实验台二氧化碳液体在 20 ℃、10 MPa 的二氧化碳液柱高度 Δh^*(注意玻璃水套上刻度的标记方法)。

由式(3.29)可知

$$v(20\ ℃,10\ MPa) = \frac{\partial hA}{m} = 0.001\ 17\ m^3/kg \tag{3.30}$$

则

$$\frac{m}{A} = \frac{\Delta h^*}{0.001\ 17} = k\ kg/m^3 \tag{3.31}$$

---

① 1 atm = 101.325 kPa。

那么在任意压力、温度下的二氧化碳的比容为

$$v = \frac{\Delta h}{\frac{m}{A}} = \frac{\Delta h}{k} \quad \text{m}^3/\text{kg} \tag{3.32}$$

式中　$\Delta h = h - h_0$；

　　　h——任意压力、温度下的水银柱高度；

　　　h_0——承压玻璃管内径顶端刻度。

实地测出二氧化碳在某个温度 $T(\text{K})$、压力 $P(\text{MPa})$ 值，以及二氧化碳气体高差 Δh，再求出二氧化碳在 $T(\text{K})$、$P(\text{MPa})$ 时的比容 $v(T,P)$：

查表知二氧化碳的临界参数 $T_\text{c} = 304.3$ K，$P_\text{c} = 7.29$ MPa

对比参数为：$P_\text{r} = \dfrac{P}{P_\text{c}}$，$T_\text{r} = \dfrac{T}{T_\text{c}}$

由对比参数 P_r、T_r 的值，在通用压缩因子图中可查得 z 值。

因此

$$v = \frac{z R_\text{g} T}{P} \quad \text{m}^3/\text{kg}$$

所以

$$v(T,\ P) = \frac{\Delta h A}{m} \quad \text{m}^3/\text{kg}$$

则可得

$$k = \frac{m}{A} = \frac{\Delta h}{v(T,P)} \quad \text{kg/m}^2$$

那么在任意压力、任意温度下，二氧化碳的比容为

$$v = \frac{\Delta h}{\frac{m}{A}} = \frac{\Delta h}{k} \quad \text{m}^3/\text{kg}$$

（2）测定低于临界温度 $t = 20$ ℃时的等温线

①使用恒温器调定 $t = 20$ ℃，并保持恒温。

②压力记录从 4.5 MPa 开始，当玻璃管内水银升起来后，应足够缓慢地转动活塞螺杆，以保证定温条件，否则来不及平衡，读数不准。

③按照适当的压力间隔取 h 值，直至压力 $p = 10$ MPa。

④注意加压后二氧化碳的变化，特别是注意饱和压力和饱和温度的对应关系，液化与汽化等现象，要将测得的实验数据与观察到的现象一并填入表 3.3。

⑤测定 $t = 25$ ℃，$t = 27$ ℃ 时，其饱和压力和饱和温度的对应关系。

（3）测定临界等温线与临界参数，观察临界现象

测出临界等温线，并在该曲线的拐点处找出临界压力 P_c 与临界温度 v_c，并将数据填入表 3.3。

（4）测定高于临界温度 $t = 50$ ℃时的等温线，并将数据填入表 3.3 中。

表3.3 二氧化碳等温实验原始记录

$t=20$ ℃				$t=31.1$ ℃				$t=50$ ℃			
p/MPa	Δh	$v=\dfrac{\Delta h}{k}$	现象	p/MPa	Δh	$v=\dfrac{\Delta h}{k}$	现象	p/MPa	Δh	$v=\dfrac{\Delta h}{k}$	现象
45											
50											
60											
70											
80											
90											
100											
做出各条等温线所需时间											
			min				min				min

3.3.5 实验数据的记录与处理

(1)按表(3.3)的数据仿图3.16再绘出三条等温线。

(2)将实验测得的等温线与图3.16所示的标准等温线比较,并分析其中的差异及原因。

(3)将实验测得的饱和温度与饱和压力的对应值与图3.17绘出的曲线相比较。

(4)将实验测得的临界比容与理论计算值,并填入表3.4,并分析其中差异及原因。

表3.4 临界比容 v_c(单位:m^3/kg)

标准值	实验值	$v_c=\dfrac{RT_c}{P_c}$
0.002 16		

3.3.6 实验注意事项

(1)做各条等温线时,实验温度不要超过50 ℃,实验压力不要超过100 MPa。

(2)一般压力间隔可取0.2~0.5 MPa,但是在接近饱和状态与临界状态时,压力间隔应取0.05 MPa。

(3)实验中读取 h 时,水银柱液面高度的读取要注意,应使视线与水银柱半圆形液面的中间一齐。

(4)不要在气体被压缩情况下打开油杯阀门,致使二氧化碳突然膨胀而逸出玻璃管,水银则被冲出玻璃杯。如要卸压,应慢慢退出活塞杆使压力逐渐下降,执行升压过程的逆程序。

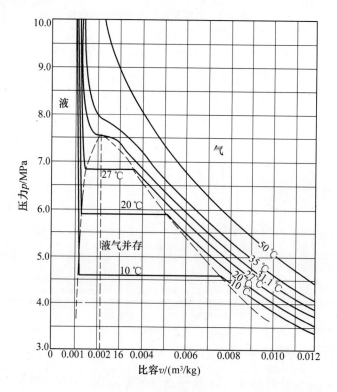

图 3.16　标准曲线

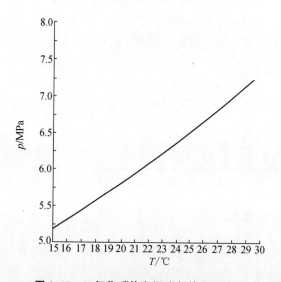

图 3.17　二氧化碳饱和温度与饱和压力

（5）为达到二氧化碳的定温压缩和定温膨胀，除保持流过恒温水套的水温恒定外，还要求压缩和膨胀过程进行得足够缓慢，以免玻璃管内二氧化碳温度偏离管外恒温水套的水温。

（6）如果玻璃管外壁或水套内壁附着小气泡，妨碍观测，可通过放充水套中的水，将气泡冲掉。操作和观测时要格外小心，不要碰到实验台本体，以免损坏承压玻璃管及恒温水套。

3.3.7　思考题

(1)如何理解实际气体汽化潜热随着压力增大而减小?

(2)如果实验压力远低于二氧化碳的临界压力,将可能观测什么样的汽化现象?

3.4　饱和蒸气压力和温度关系实验

饱和蒸气压是流体工质最重要的热力学性质之一,也是与热力学相关课程中最基本的概念。通过本实验能够使学生准确和形象地认识饱和蒸气压的概念,并进一步加深对饱和状态、临界状态、凝结、汽化等热力学现象的了解,对于学习热力循环及化工过程等都具有重要作用。

本实验对饱和蒸气压的测量基于最为常用的静态法测量原理,首先将被测流体抽真空后充灌,然后控制被测流体的温度达到平衡后测量气相压力,测量时容器内几乎无空气残留,且流体气-液相达到动态平衡,完全复现了饱和蒸气压的特征。

3.4.1　实验目的

(1)通过观察饱和蒸气压力和温度的关系,加深对饱和状态的理解。

(2)测量不同温度下,工质的饱和蒸气压并掌握饱和蒸气 p-T 关系图表的编制方法。

(3)观测临界乳光现象。

3.4.2　实验原理

1.饱和蒸气压的测量原理

当温度小于临界温度时,纯液体与其蒸气达到平衡时的蒸气压力称为该温度下液体的饱和蒸气压。饱和蒸气压随温度变化而变化,温度升高时饱和蒸气压增大,温度降低时饱和蒸气压降低。

饱和蒸气压的测量方法包括静态法、动态法、饱和气流法、雷德法、Knudsen 隙透法、参比法、色谱法、DSC 法等,其中静态法是目前最基本和最常用的方法。

本实验所采用的测量方法为静态法。将压力容器抽真空后充入被测物质,充入的被测物质在压力容器中处于气液两相共存的状态。待被测物质气-液相温度稳定不变后,测量此时容器内的压力,即为被测物质在该温度时的饱和蒸气压。改变不同的温度,平衡后测量得到一系列的压力值。

根据实验测量得到的数据,将物质的饱和蒸气压拟合为温度的关系式,其中常用的饱和蒸气压方程有 Antoine 蒸气压方程和 Riedel 蒸气压方程等。

(1)Antoine 蒸气压方程

$$\ln p = A - \frac{B}{t+C} \tag{3.33}$$

（2）Riedel 蒸气压方程

$$\ln p = A + \frac{B}{T} + C\ln T + DT^6 \qquad (3.34)$$

式（3.30）和式（3.31）中，p 为蒸气压，t 为摄氏温度，T 为开氏温度，A、B、C、D 均为常数。

2. 临界现象

临界现象（Critical Phenomenon）是物质处在临界状态及其附近具有的特殊的物理性质和现象，一个是气、液模糊不清，另一个是临界乳光现象。

低于临界温度时，给气体加压到一定的程度，气体会液化，出现气液共存的状态。而在物质的临界点处，由于气、液相的密度趋于相同，气液两相的界限将会消失，出现气液模糊不清的情况，也就是无法判断此时流体到底是气相还是液相。如图 3.18 所示。

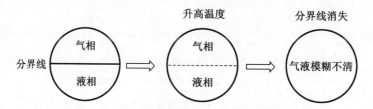

图 3.18 升温过程中气液相分界线的变化示意图

除了气液两相模糊不清之外，在临界点附近，流体的颜色还会发生奇特的变化，如图 3.19 所示。这是由于临界点附近，流体密度涨落变化很大，照射于流体的光线被流体强烈散射，出现了不同的颜色，这种现象称为临界乳光现象。

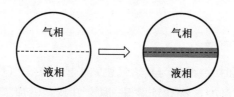

图 3.19 临界乳光现象示意图

3.4.3 实验装置

饱和蒸气压实验装置是测量工质的饱和蒸气压的实验主体，如图 3.20 所示。

1. 容器

良导热腔体，前面开有观察窗（观察窗上有液位上限标记），后面装有背光源，可清晰观察腔体内部的被测工质状态。

2. 压力变送器

安装在容器顶部，用于测量容器腔体内部的气压。

3. 温度传感器

通过容器上端的温度传感器插孔深入容器深处用于测量容器腔体壁上的温度。

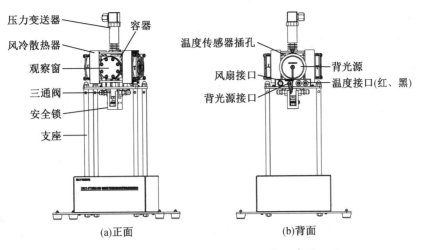

图 3.20　饱和蒸气压实验装置结构示意图

左图 (a)正面　标注：压力变送器、容器、风冷散热器、观察窗、三通阀、安全锁、支座

右图 (b)背面　标注：温度传感器插孔、背光源、风扇接口、温度接口(红、黑)、背光源接口

4. 热电片

紧贴容器外部左右两个侧面对称布置有半导体热电片,通过热电片实现对容器及其内部工质的制冷和制热功能:当热电片的正负极(在装置背面,红正黑负,下同)与电源的正负极相同时,热电片紧贴容器的一面放热(另一面为吸热),对工质起加热作用;当热电片的正负极与电源的正负极相反时,热电片紧贴容器的一面吸热(另一面为放热),对工质起制冷作用。

5. 风冷散热器

风冷散热器的作用是通过风扇强制散热,将热电片另一面放出或吸收的热量尽快导出到环境中,以保证良好的制冷和制热效果。风扇电源接口在装置背面,且与背光源接口并联。

6. 三通阀

三通阀安装在容器底部,中间端口与容器腔体相连,其余两端的任意一端与真空泵相连,另一端与工质罐相连。

7. 安全锁

在工质充入腔体后,需将安全锁装在三通阀上,以防止误操作三通阀而导致工质泄露。

8. 支座

支座起支撑和稳定作用。

注意:当对工质进行制热时,容器表面温度较高,请勿触摸容器;当对工质进行制冷时,散热器表面温度较高,请勿触摸散热器;实验中需保持风扇正常运转,防止异物进入风扇。

3.4.4　实验方法与操作步骤

1. 实验前准备

(1)熟悉实验装置及使用仪表的工作原理和性能。

（2）接通实验装置电源,在控制面板界面下方选择"产品中心",进入到"饱和蒸气压测定和临界现象观测实验仪"界面。

2. 测量不同温度下,工质的饱和蒸气压

（1）将测试仪设置为"目标温度 20.00 ℃","风扇控制"与"温控模式"均调整为"自动",打开"温控开关"(绿色),此时风扇和背光源工作,测试仪主界面上温度显示逐渐接近目标温度。

（2）待温度和压力基本稳定(可通过温度或压力的实时曲线来判断是否稳定),将压力记入表 3.5。

（3）然后以一定温度间隔(推荐 5.00 ℃)依次改变目标温度,并重复步骤(2)直到 65.00 ℃。

（4）将不同温度下的实测压力值与参考值对比,计算相对误差(课上完成表 3.5),并绘制 p-T 关系曲线(课后完成)。

在实验过程中,既可以观察到低温时工质液体内部强烈的汽化现象(沸腾),也可以观察到高温时工质蒸气的液化现象。并注意观察气-液相分界面的变化情况。

3. 观测临界乳光现象

在前一实验基础上,减小温度间隔(推荐 0.50 ℃)继续升温,注意观察工质气-液两相分界面的变化情况,将观察到随着温度继续升高分界面越来越模糊,且在此过程中分界面附近开始出现颜色的变化,产生临界乳光现象。最后在某一温度下分界面恰好消失,将此时的温度和压力值记入表 3.6,即为工质的临界温度和对应的饱和蒸气压。注:在临界温度附近可以根据需要进一步减小温度间隔,以测得更准确的临界参数。

实验完成后,关闭测试仪电源,断开相关连接线并收纳。

3.4.5 数据记录和整理

1. 实验数据记录

表 3.5 工质的饱和蒸气压与温度的关系

工质:R125 制冷剂

温度 T(℃)	饱和蒸气压参考值 p_0(MPa)	饱和蒸气压实测值 p(MPa)	相对误差
20.00	1.205		
25.00	1.378		
30.00	1.569		
35.00	1.778		
40.00	2.009		
45.00	2.261		

表 3.5(续)

工质:R125 制冷剂

温度 T(℃)	饱和蒸气压参考值 p_0(MPa)	饱和蒸气压实测值 p(MPa)	相对误差
50.00	2.537		
55.00	2.839		
60.00	3.170		
65.00	3.537		

表 3.6 临界温度及其饱和蒸气压

工质:R125 制冷剂

临界温度参考值 T_{c0}(℃)	临界温度实测值 T_c(℃)	临界温度绝对误差(℃)	临界时的饱和蒸气压参考值 p_{c0}(MPa)	临界时的饱和蒸气压实测值 p(MPa)	临界时的饱和蒸气压相对误差
66.02			3.618		

2. 绘制 p-T 关系曲线

将实验结果点在坐标上,清除偏离点,绘制曲线(图 3.21)。

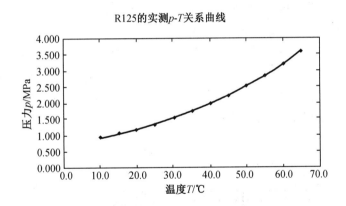

图 3.21 饱和蒸气压力和温度的关系(示意图)

3. 简要描述临界乳光现象

3.4.6 注意事项

(1)实验进行过程中,请勿触摸压力容器,注意实验安全。

(2)实验装置使用温度不要超过 70 ℃,切不可超压操作。

3.5 空气在喷管内流动性能测定实验

喷管是一些热工设备的重要部件,这些设备的工作过程和喷管中的气体的流动过程有密切的关系,实验观察气体完全膨胀时沿喷管的压力变化,测定流量曲线和临界压力比,可以帮助了解喷管中气体流动现象的基本特性,巩固和验证有关气体在喷管内流动的基本理论,掌握气流在喷管中流速、流量、压力的变化规律。加深对临界状态参数、背压、出口压力等基本概念的理解。还可进一步了解工作条件对喷管中流动过程的影响。

3.5.1 实验目的

(1)巩固和验证有关气体在喷管内流动的基本理论,掌握气流在喷管中流速、流量、压力的变化规律,加深临界状态参数、背压、出口压力等基本概念的理解。

(2)测定不同工况下,气流在喷管内流量 $\dot{m}$ 的变化,绘制 $\dot{m}$-p_2/p_1 曲线;分析比较 $\dot{m}_{max}$ 的计算值和实测值;确定临界压力 p_{cr}。

(3)测定不同工况时,气流沿喷管各截面(轴向位置 X)的压力变化情况,绘制 X-p_x 关系曲线,分析比较临界压力的计算值和实测值。

3.5.2 实验设备

本实验装置由实验本体,1401 型真空泵及测试仪表等组成。测试系统主要由常规热工测量仪表及电子测试系统(传感器、放大器、函数记录仪及计算机等)组成。其中实验本体由进气管段、喷管实验段(渐缩喷管)、真空罐及支架等组成,采用真空泵作为气源设备,装在喷管的排气侧,实验装置系统图见图 3.22。气体流量用风道上的孔板流量计 3 测量。喷管排气管道中的压力 p_2 用真空表 5 测量。转动探针移动机构的手轮,可以移动探针测压孔的位置,测量的压力值由真空表读取。

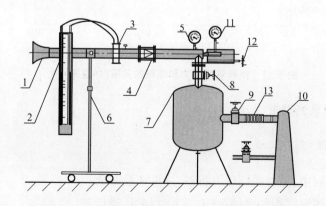

1—入口段;2—U 形压差计;3—孔板流量计;4—喷管;5—真空表;6—支撑架;
7—稳压罐;8、9—调节阀;10—橡胶接管;12—探针取压移动机构;13—真空泵。

图 3.22 喷管实验装置系统图

实验中要求喷管的入口压力保持不变。风道上安装的调节阀门 8,可根据流量增大或减小时孔板压差的变化适当开大或关小调节阀。应仔细调节,使实验段 1 前的管道中的压力维持在实验选定的数值。

喷管排气管道中的压力 p_2 由调节阀门 8 控制,稳压罐 7 起稳定排气管压力的作用。

当真空泵运转时,空气由实验本体的吸气口进入并依次通过进气管段、孔板流量计喷管实验段然后排到室外。

喷管各截面上的压力采用探针测量,如图 3.23 所示,探针可以沿喷管的轴线移动,具体的压力测量步骤是:用一根直径为 1.2 mm 的不锈钢制的探针贯通喷管,探针右端与真空表相通,左端为自由端(其端部开口用密封胶封死),在接近左端端部处有一个 0.5 mm 的引压孔。显然真空表上显示的数值应该是引压孔所在截面的压力,若移动探针(实际上是移动引压孔)则可确定喷管内各截面的压力。

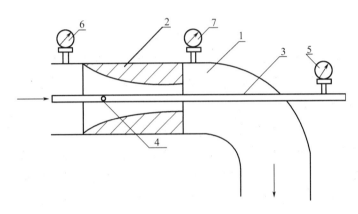

1—管道;2—喷管;3—探针;4—测压孔;5—测量喷管各截面压力的压力表;
6—测量喷管入口压力的压力表;7—测量喷管排气管道压力的压力表。

图 3.23 探针测压简图

3.5.3 实验原理

1. 喷管内气体流动的基本规律

在实际喷管中气体的流动是稳定或接近稳定流动,因此喷管内的气体在流动过程中,其状态参数 v、流速 c 和喷管截面积 f 应满足连续性方程,其微分形式为

$$\frac{\mathrm{d}c}{c}+\frac{\mathrm{d}f}{f}-\frac{\mathrm{d}v}{v}=0 \tag{3.35}$$

喷管管件的横截面积沿轴向距离 x(自进口截面算起)的变化规律用函数 $f=F(x)$ 表示。在设计的进气压力和排气压力条件下,气体在喷管内绝热流动时的压力变化可用下式表示:

$$\frac{1}{p}\frac{\mathrm{d}p}{\mathrm{d}x}=-\frac{kM^2}{f(M^2-1)}\frac{\mathrm{d}f}{\mathrm{d}x} \tag{3.36}$$

其中,M 为马赫数,是表示气体流动特性的一个重要特性值,为气体流动速度与当地声速的

比值。当 $M<1$ 时,表明气流流速小于当地音速,称气流做亚音速流动;$M=1$ 时,气流流速等于当地音速;$M>1$ 时,气流流速大于当地音速,称气流做超音速流动;当喷管的使用条件发生变化时,喷管内的气流的压力分布也发生变化,同时气流的流速和质量流量也将发生不同的变化。

2. 渐缩喷管

气体流经喷管的膨胀程度可以用压力比 β 来表示:

$$\beta = \frac{p_2}{p_1} \qquad (3.37)$$

式中　p_2——喷管的排气压力,Pa;

　　　p_1——喷管的进气压力,Pa。

气体在渐缩喷管内绝热流动的最大膨胀程度取决于临界压力比 β_c:

$$\beta_c = \frac{p_{cr}}{p_1} = \left(\frac{2}{k+1}\right)^{\frac{k}{k-1}} \qquad (3.38)$$

由式(3.38)可以看出,临界压力比 β_c 只与气体的绝热指数有关。对于双原子气体,如空气 $k=1.4$,$\beta_c=0.528$。p_{cr} 即为气体在渐缩喷管中膨胀所能达到的最低压力,称为临界压力,$p_{cr}=\beta_c p_1$,其取决于进口压力 p_1。

气体在渐缩喷管中由 p_1 膨胀到 $p_2=p_{cr}$,如图 3.24 中曲线 1 所示,是最充分的完全膨胀情形。此时喷管出口气流流速达到当地音速的数值,称为临界流速。当背压 p_b 低于临界压力 p_{cr} 时,气体在渐缩喷管中不能继续膨胀到背压 p_b,而只能膨胀到临界压力($p_2=p_{cr}$),这时,喷管内气流压力的变化情况仍如曲线 1 所示,不受背压 p_b 降低的影响,在喷管出口截面上的气流流速仍为临界流速。而气流一离开出口截面就发生突然的膨胀,压力降低到背压 p_b,如图 3.23 中的线段 5 所示,并由此而引起一部分动能的损失。当背压 p_b 大于临界压力 p_{cr} 时,气体在渐缩喷管中一直膨胀到背压 p_b($p_2=p_b$),如图中曲线 2、3、4 所示的情况。

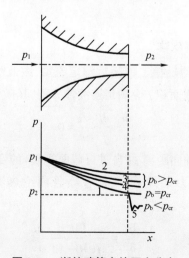

图 3.24　渐缩喷管中的压力分布

通过渐缩喷管的气体的质量流量 m 与压力比 β 有关,函数关系如下:

$$m=f_2\sqrt{\frac{2k}{k-1}\frac{p_1}{v_1}\left[\left(\frac{p_2}{p_1}\right)^{\frac{2}{k}}-\left(\frac{p_2}{p_1}\right)^{\frac{k+1}{k}}\right]}\quad \text{kg/s} \tag{3.39}$$

式中　f_2——喷管的出口截面积,m^2;

　　　p_1、p_2——喷管的进口截面上气体压力与排气压力,Pa;

　　　v_1——喷管进口截面上的气体比容,m^3/kg。

式(3.36)的适用范围:$p_2 \geqslant p_{cr}$。当 $p_2=p_{cr}$ 时,式(3.36)可根据式(3.35)整理为

$$m_{max}=f_2\sqrt{\frac{2k}{k-1}\left(\frac{2}{k_1+1}\right)^{\frac{2}{k-1}}\frac{p_1}{p_1}}\quad \text{kg/s} \tag{3.40}$$

式(3-37)表明,喷管的最大质量流量的数值取决于喷管进口气体的状态,当背压小于临界压力时也保持不变。当喷管的进口气体状态不变时,渐缩喷管内通过的质量流量与压力比的关系如图 3.25 所示。

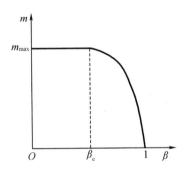

图 3.25　渐缩喷管的流量曲线

3.5.4　实验步骤

(1)装上所需的喷管,将"坐标校准器"调好,即使指针对准"位移坐标板"零刻度时,探针的测压孔正好在喷管的入口处。

(2)打开罐前的调节阀,将真空泵的飞轮盘车置于 1~2 转,一切正常后,打开罐后调节阀,打开冷却水阀门,而后启动真空泵。

(3)测量喷管轴向压力分布情况:

$$\frac{p}{p_1}=f(x)$$

①用罐前调节阀调节背压($p_b > p_{cr}$)至一定值(见真空表的读数),并记下该数值。

②转动手轮使测压探针由入口向出口方向移动,每移动一定的距离(一般为 5 mm)便停顿一下,记下该测点的坐标位置及相应的压力值,一直测至喷管出口之外,于是便得到一条在这一背压下的喷管的压力分布曲线。

(4)测量喷管流量变化情况:

$$m=f\left(\frac{p_b}{p_1}\right)$$

①转动手轮使测压探针引压孔移至喷管的出口截面之外,打开罐后调节阀,关闭罐前调节阀,而后启动真空泵。

②用罐前调节阀改变背压值,使背压值每变化1次便停顿一下,同时将背压值和U形管压差计的差值记录下来,以便代入流量公式进行计算。当背压为某一值时U形管压差计的液柱便不再变化(即流量已达到最大值),此后尽管不断地降低背压,但是U形管压差计的液柱高度仍保持不变,这时再测2~3个值即可,到此为止,流量测量完成。

(5)打开罐前调节阀,关闭罐后调节阀,让真空罐充气;3 min后关闭真空泵,立即打开罐后调节阀,让真空泵充气(防止回油);最后关闭冷却水阀门。

3.5.5 实验注意事项

(1)启动真空泵前,对真空泵传动系统,油路,水路进行检查,检查无误后,打开背压调节阀,用手转动真空泵飞轮一周,去掉汽缸内过量的油气,启动电机,当转速稳定后开始进行实验。

(2)由于测压探针内径较小,测压时滞现象比较严重,当以不同速度摇动手轮时,画出的曲线将不重合。因此,为了取得准确的压力值,摇动手轮必须足够慢。同理,描绘流量曲线时,开关调节阀的速度也不宜过快。

(3)停机前,先关真空罐出口调节阀,让真空罐充气,关真空泵后,立即打开此阀,让真空泵充气。防止真空泵回油,也有利于真空泵下次启动。

3.5.6 实验数据记录与处理

1. 实验数据记录

(1)喷管尺寸见图3.26。

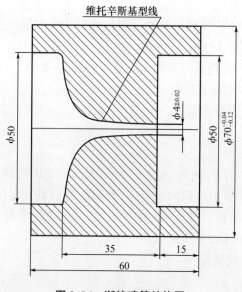

图 3.26 渐缩喷管结构图

（2）喷管入口温度 t_1，入口压力 p_1

入口温度 t_1 为室温 t_a。由于在进气管中装有测流量孔板，气流流过孔板将有压力损失。p_1 将略低于大气压力 p_a，流量越大，低得越多。根据经验公式和实测，可由下式确定入口压力 p_1：

$$p_1 = p_a - 0.97\Delta p \tag{3.41}$$

式中 Δp——孔板流量计 U 形管压差，若 U 形管压差计读数为 Δh kPa，大气压力计读数为 p_a MPa，则

$$p_1 = p_a - 0.97 + 0.001\Delta h \text{ MPa} \tag{3.42}$$

（3）孔板流量计计算公式

$$m = 1.373 \times 10^{-3}\sqrt{\Delta h}\,\varepsilon\beta\gamma \text{ kg/s} \tag{3.43}$$

式中 ε——流束膨胀系数，$\varepsilon = 1 - 2.87 \times 10^{-4}\Delta h/P_a$；

β——气态修正系数，$\beta = 53.8\sqrt{\dfrac{p_a}{t_a + 273.15}}$；

γ——几何修正系数，此处取 1；

P_a——大气压力计读数，MPa；

t_a——室温，℃；

Δh——U 形管压差计读数，kPa。

（4）喷管的一个重要特征参数——临界压力

$p_{cr} = 0.528p_1$ 在真空表上的读数：

$$p_{cr}(\text{真空度}) = p_a - p_{cr} = p_a - 0.528(p_{a0} - 0.000\,97\Delta h) \text{ MPa}$$

$$p_{cr}(\text{真空度}) = 0.472p_a + 0.000\,51\Delta h \text{ MPa}$$

折算为 mmHg：

$$p_{cr}(\text{真空度}) = 3.54 \times 103p_a + 0.383\Delta h, \text{mmHg}$$

式中 p_a——大气压力计读数，MPa；

Δh——U 形管压差计读数，kPa。

（5）喷管流量 m 的理论计算值

在稳定流动中，任何截面上的质量均相等，流量大小可由下式确定：

$$m = f_2\sqrt{\frac{2k}{k-1}\frac{p_1}{v_1}\left[\left(\frac{p_2}{p_1}\right)^{\frac{2}{k}} - \left(\frac{p_2}{p_1}\right)^{\frac{k+1}{k}}\right]} \tag{3.44}$$

式中 k——绝热指数；

f_2——出口截面积，m^2；

v_1、v_2——分别表示进、出口截面气体的比容，m^3/kg；

p_1、p_2——分别表示进、出口截面上气体的压力，Pa。

当出口截面压力等于临界压力 p_{cr}，即

$$p_2 = p_{cr} = \left(\frac{k}{k+1}\right)^{\frac{k}{k-1}}p_1 = 0.528p_1 \tag{3.45}$$

则

$$m = m_{max} = f_2 \sqrt{\frac{2k}{k-1}\left(\frac{2}{k+1}\right)^{\frac{2}{k-1}} \frac{p_1}{v_1}} \qquad (3.46)$$

对于空气,代入 $k=1.4, R=287.1 \text{ J/kg} \cdot ℃$

$$m = m_{max} = 0.685 f_{min} \sqrt{\frac{p_1}{v_1}} = 0.040 p_1 f_{min} \sqrt{\frac{1}{T_1}} \qquad (3.47)$$

(6)临界压力的理论计算值

$$p_{cr} = 0.528 p_1 = 0.528(p_a - 0.00097\Delta h)$$

$$= 0.528 p_a - 0.0005 \Delta h \text{ MPa}$$

2. 实验数据记录表(表3.7和表3.8)

表3.7　位移-压力比数据表格($p_a = 0.1$ MPa)

(1)亚临界工况:p_v(真空度)= 0.03 MPa;p_2(绝对压力)= $p_a - p_v$(真空度)= 0.07 MPa

x(mm)	0	5	10	15	20	25	30	35	40
P_{vx}(MPa)									
$P_x = P_a - P_{vx}$(MPa)									

(2)临界工况:p_v(真空度)= 0.047 MPa;p_2(绝对压力)= $p_a - p_v$(真空度)= 0.053 MPa

x(mm)	0	5	10	15	20	25	30	35	40
P_{vx}(MPa)									
$P_x = P_a - P_{vx}$(MPa)									

(3)超临界工况:p_v(真空度)= 0.07 MPa;p_2(绝对压力)= $p_a - p_v$(真空度)= 0.03 MPa

x(mm)	0	5	10	15	20	25	30	35	40
P_{vx}(MPa)									
$P_x = P_a - P_{vx}$(MPa)									

表3.8　流量-压力比数据表格($p_a = 0.1$ MPa)

Δh(KPa)									
$m(\times 10^{-3}$ kg/s)									
P_v(MPa)	0.01	0.02	0.03	0.04	0.045	0.047	0.05	0.06	0.07
$P_2 = P_a - P_v$(MPa)									
P_2/P_1									

3. 实验数据处理

(1)以压力为纵坐标、探针测压孔位置为横坐标,绘制不同工况时喷管内压力分布曲线。

(2)以流量为纵坐标、压降比 p_2/p_1 为横坐标,绘制流量曲线,确定临界压力比,并与根据测定的参数计算出的理论曲线进行比较。

3.6 气体定压比热容实验

比热容是指单位物理量的物体温度升高 1 K 所需的热量,简称比热。根据选用计量物理量的单位不同,有质量比热、容积比热和摩尔比热之分。通常用质量千克作为计量物量的单位,得到的是质量比热,它的单位是千焦/(千克·开)[(kJ/kg·K)]。用符号 c 表示,则

$$c = \frac{\delta q}{dT} \text{ 或 } c = \frac{\delta q}{dt} \tag{3.48}$$

标准状态下 1 m^3 气体温度升高 1 K 所需的热量称作容积比热,单位是千焦/米^3·开[(kJ/m^3·K)]用符号 c' 表示。

在热工计算中,尤其有化学反应时,用摩尔作为气体的计量单位更为方便。以摩尔作为物量单位时的比热叫作摩尔比热,单位是焦/(摩尔·开)[(J/mol·K)]。用符号 C_m 表示,称为摩尔比热。

但由热力学原理知,热量是与过程的性质有关的量,即使过程的初、终态相同,如果途径不同,气体吸入或放出的热量也不同。故比热也是与过程特性有关的量,不同的热力过程比热值是不相同的。热动力装置中工质的吸热和放热都是在接近容积不变或压力不变的条件下进行的,热工上从热量计算的角度出发,定容过程和定压过程的比热最有现实意义,分别以 c_v 和 c_p 表示。本章将对定压比热的测定原理及方法设备进行介绍。

气体的定压比热容是计算在定压变化过程中气体吸入(或放出)的热量的一个重要参数,气体定压比热容的测定实验是工程热力学基本实验之一,实验中涉及温度、压力、热量(电工)、流量等基本量的测量,计算中用到比热及混合气体(湿空气)方面的基本知识。本实验的目的是增加热物性实验研究方面的感性认识,促进理论联系实际,有利于培养分析问题和解决问题的能力。实验中要求了解气体比热测定装置的基本原理和构思;熟悉本实验中测温、测压、测热、测流量的方法;掌握由基本数据计算出比热值和比热公式的方法;分析本实验产生误差的原因及减小误差的可能途径。

3.6.1 实验目的

(1)了解气体比热测定装置的基本原理和构思;
(2)熟悉本实验中测温、测压、测热、测流量的方法;
(3)掌握由基本数据计算出比热值和比热公式的方法。

3.6.2 实验原理

引用热力学第一定律解析式,对可逆过程有

$$\delta q = du + pdv \text{ 和 } \delta q = dh - vdp \tag{3.49}$$

定压时 $dp = 0$,

$$c_p = \left(\frac{\delta q}{dT}\right) = \left(\frac{dh - vdp}{dT}\right) = \left(\frac{\partial h}{\partial T}\right)_p \tag{3.50}$$

此式直接由 c_p 的定义导出,故适用于一切工质。

在没有对外界做功的气体的等压流动过程中:

$$dh = \frac{1}{m}dQ_p \tag{3.51}$$

则气体的定压比热容可以表示为

$$c_p \big|_{t_1}^{t_2} = \frac{Q_p}{m(t_2 - t_1)} \tag{3.52}$$

式中　　m——气体的质量流量,kW;

Q_p——气体在等压流动过程中的吸热量,kJ/s。

气体的实际定压比热随温度的升高而增大,它是温度的复杂函数。实验表明,理想气体的比热与温度之间的函数关系甚为复杂,但总可表达为

$$c_p = a + bt + et^2 + \cdots \tag{3.53}$$

式中 a、b、e 等是与气体性质有关的常数。

例如空气的定压比热容的实验关系式:

$$c_p = 1.023\ 19 - 1.760\ 19 \times 10^{-4} T + 4.024\ 02 \times 10^{-7} T^2 - 4.872\ 68 \times 10^{-10} T^3$$

式中　　T——绝对温度,K。

该式适用于 250~600 K,平均偏差为 0.03%,最大偏差为 0.28%。

由于比热随温度的升高而增大,所以在给出比热的数值时,必须同时指明是哪个温度下的比热。根据定压比热的定义,气体在 t ℃时的定压比热等于气体自温度 t 升高到 $t+dt$ 时所需热量 δq 除以 dt,即

$$c_p = \frac{\delta q}{dt} \tag{3.54}$$

当温度间隔 dt 为无限小时,即为某一温度 t 时气体的真实比热。如果已得出 $c = f(t)$ 的函数关系,温度由 t_1 至 t_2 的过程中所需要的热量即可按下式求得:

$$q = \int_1^2 c_p dt = \int_1^2 (a + bt + et^2 + \cdots) dt \tag{3.55}$$

用逐项积分来求热量十分繁复。但在离开室温不很远的温度范围内,空气的定压比热容与温度的关系可近似认为是线形的,即可近似表示为

$$c_p = a + bt \tag{3.56}$$

则温度由 t_1 至 t_2 的过程中所需要的热量可表示为

$$q = \int_{t_1}^{t_2} (a + bt) dt \tag{3.57}$$

由 t_1 加热到 t_2 的平均定压比热容可表示为

$$c_p \big|_{t_1}^{t_2} = \frac{\int_{t_1}^{t_2} (a + bt) dt}{t_2 - t_1} = a + b \frac{t_1 + t_2}{2} \tag{3.58}$$

大气是含有水蒸气的湿空气。当湿空气气流由温度 t_1 加热到 t_2 时,其中水蒸气的吸热量可用式(3.53)计算,其中 $a = 1.833$,$b = 0.000\ 311\ 1$,则水蒸气的吸热量(单位为 kW)为

$$Q_w = m_w \int_{t_1}^{t_2} (1.833 + 0.000\ 311\ 1t)\,\mathrm{d}t \tag{3.59}$$

$$= m_w [1.833(t_2 - t_1) + 0.000\ 155\ 6(t_2^2 - t_1^2)]$$

式中　m_w——气流中水蒸气质量,kg/s。

则干空气的平均定压比热容由下式确定:

$$c_{pm}\Big|_{t_1}^{t_2} = \frac{Q_p}{(m - m_w)(t_2 - t_1)} = \frac{Q_p' - Q_w}{(m - m_w)(t_2 - t_1)} \tag{3.60}$$

式中　Q_p'——为湿空气气流的吸热量,kW。

仪器中加热气流的热量(例如用电加热器加热),不可避免地因热辐射而有一部分散失于环境。这项散热量的大小决定于仪器的温度状况。只要加热器的温度状况相同,散热量也相同。因此,在保持气流加热前的温度仍为 t_1 和加热后温度仍为 t_2 的条件下,当采用不同的质量流量和加热量进行重复测定时,每次的散热量当是一样的。于是,可在测定结果中消除这项散热量的影响。设两次测定时的气体质量流量分别为 m_1 和 m_2,加热器的加热量分别为 Q_1 和 Q_2,辐射散热量为 ΔQ,则达到稳定状况后可以得到如下的热平衡关系:

$$Q_1 = Q_{p1} + Q_{w1} + \Delta Q = (m_1 - m_{w1})c_{pm}(t_2 - t_1) + Q_{w1} + \Delta Q$$

$$Q_2 = Q_{p2} + Q_{w2} + \Delta Q = (m_2 - m_{w2})c_{pm}(t_2 - t_1) + Q_{w2} + \Delta Q$$

两式相减消去 ΔQ 项,得到

$$c_{pm}\Big|_{t_1}^{t_2} = \frac{(Q_1 - Q_2) - (Q_{w1} - Q_{w2})}{(m_1 - m_2 - m_{w1} + m_{w2})(t_2 - t_1)}\ \mathrm{kJ/kg \cdot K} \tag{3.61}$$

3.6.3　实验设备及方法

实验所用的设备和仪器仪表由风机、流量计,比热仪本体、电工率调节测量系统四部分组成,实验装置系统如图3.27所示。

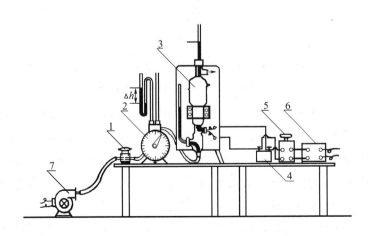

1—节流阀;2—流量计;3—比热仪本体;4—瓦特表;5—调压变压器;6—稳压器;7—风机。

图3.27　测定空气定压比热容的实验装置系统

装置中采用湿式流量计测定气流流量。流量计出口的恒温槽用以控制测定仪器出口气流的温度。利用干湿球温度计测量湿式流量计出口湿空气的干球温度和湿球温度,并计算其相对湿度。装置可以采用小型单级压缩机或其他设备作为气源设备,气流流量用节流阀1调整。

比热容测定仪本体(图3.28)由内壁镀银的多层杜瓦瓶2、进口温度计1和出口温度计8(铂电阻温度计或精度较高的水银温度计)、电加热器3、均流网4、绝缘垫5、旋流片6和混流网7组成。气体自进口管引入,进口温度计1测量其初始温度,离开电加热器的气体经均流网4均流均温,出口温度计8测量加热终了温度,后被引出。该比热仪可测300 ℃以下气体的定压比热。

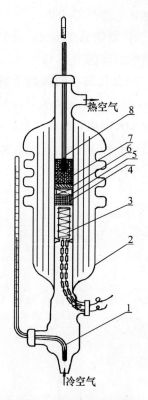

1—进口温度计;2—多层杜瓦瓶;3—电加热器;4—均流网;5—绝缘垫;6—旋流片;7—混流网;8—出口温度计。

图3.28 比热容测定仪结构原理图

测量空气的干、湿球温度的方法很多,有干湿球温度计、毛发湿度计、露点温度计等。毛发湿度计利用脱脂人发在周围空气湿度发生变化时,其本身具有伸缩特性来测量空气的相对湿度。露点温度计用露点测定仪直接测定湿空气的露点,再参照空气的温度,由空气的焓-湿图来确定相对湿度。毛发湿度计构造简单,使用方便,但不太稳定,准确度差。露点温度计结构复杂,使用不方便。因此,干湿球温度计较为常用。

干湿球温度计利用两只温度计来测定空气的相对湿度 φ。一支温度计的温包裹有一块湿纱布,纱布的下端浸入盛有蒸馏水的玻璃小杯中,在毛细作用下纱布处于湿润状态,将此温度计称为湿球温度计。使用时,在热湿交换达到平衡,即稳定的情况下,所测得的读数称为空气的湿球温度,用 t_w 表示;另一支未包纱布的温度计称作干球温度计,它所测得的温度称为空气的干球温度,也就是实际的空气温度,用 t 表示。测定时将干、湿球温度计置于通风处,使空气不断地流过,干球温度计上的读数即为湿空气的实际温度 t,湿球温度计因与湿布直接接触,其读数为湿球温度 t_w。

湿球温度计的读数,实际上反映了湿纱布上水的温度。但是,值得注意的是,并不是任一读数都可以认为是湿球温度,只有在热湿交换达到平衡,即稳定条件下的读数才称之为湿球温度。

图 3.29 为普通干湿球温度计,它易受室内气流速度的影响,测量精度较低。

图 3.29 普通干湿球温度计

实验中需要计算干空气的质量流量 m、水蒸气的质量流量 m_w、电加热器的加热量(即气流吸热量)Q_p' 和气流温度等数据,计算方法如下。

1. 干空气的质量流量 m 和水蒸气的质量流量 m_w

根据 t_0 与 φ 值由湿空气的焓−湿图确定含湿量 g/kg,并计算出水蒸气的容积成分 y_w:

$$y_w = \frac{d/622}{1+d/622} \tag{3.62}$$

于是,气流中水蒸气的分压力(N/m^2)为

$$p_w = y_w p \tag{3.63}$$

式中　p——流量计中湿空气的绝对压力,Pa:

$$p = 10^3 B_1 + 9.81\Delta h \tag{3.64}$$

式中　B_1——当地大气压,kPa,由数字式压力计读出。

Δh——流量计上压力表(U 形管)读数,mmH_2O;

水蒸气的质量流量(kg/s)计算如下:

$$m_w = \frac{p_w(V/\tau)}{R_w T_0} \tag{3.65}$$

式中　R_w——水蒸气的气体常数,$R_w = 461$ J/(kg·K);

T_0——绝对温度,K。

干空气的质量流量(kg/s)计算如下:

$$m_g = \frac{p_g(V/\tau)}{R T_0} \tag{3.66}$$

式中,R 为干空气的气体常数,$R = 287\ \text{J/(kg · K)}$。

2. 电加热器的加热量 Q_p'

电热器的加热量 $Q_p'(\text{kJ/h})$ 可由瓦特表读出:

$$Q_p' = 3.6Q_p \tag{3.67}$$

式中　Q_p——瓦特表读数,W。

3.6.4　实验步骤与数据记录

(1)接通电源及测量仪表,选择所需的出口温度计插入混流网的凹槽中。

(2)取下流量计上的温度计,开动风机,调节节流阀,使流量保持在额定值附近。电加热器不投入,摘下流量计出口与恒温槽连接的橡皮管,把气流流量调节到实验流量值附近,测定流量计出口的气流温度 t_0'(由流量计上的温度计测量)和湿球温度 t_w。

(3)将温度计插回流量计,重新调节流量,使它保持在额定值附近,逐渐提高电压,使出口温度计读数升高到预计温度。可根据下式预先估计所需电功率:

$$w = 12\frac{\Delta t}{\tau}$$

式中　w——电功率,W;

　　　Δt——进出口温差,℃;

　　　τ——每流过 10 L 空气所需的时间,s。

(4)待出口温度稳定后(出口温度在 10 min 之内无变化或有微小起伏即可视为稳定),读出下列数据并填入原始数据表。

①10 L 气体通过流量计所需时间 τ,s。

②比热仪进口温度 t_1,℃;出口温度 t_2,℃。

③大气压力计读数 B_1,kPa;流量计中气体表压 Δh,mmH₂O;

④电热器的功率 Q_p,W。

(5)根据流量计出口空气的干球温度 t_0 和湿球温度 t_w 确定空气的相对湿度 φ,根据 φ 和干球温度从湿空气的焓-湿图(工程热力学附图)中查出含湿量 $d(\text{g/kg}_{\text{干空气}})$。

(6)每小时通过实验装置空气流量(m^3/h):

$$V = 36/\tau \tag{3.68}$$

式中　τ——每 10 L 空气流过所需时间,s;

将各量代入式(3.61)并统一单位可以得出干空气质量流量(kg/h)的计算式:

$$m_g = \frac{(1-y_w)(1\ 000B_1 + 9.81\Delta h) \times (36/\tau)}{287(t_0 + 273.15)} \tag{3.69}$$

(7)水蒸气的流量:

将各量代入式(3.60)并统一单位可以得出水蒸气质量流量(kg/h)的计算式:

$$m_w = \frac{y_w(1\ 000B_1 + 9.81\Delta h) \times (36/\tau)}{461.5(t_0 + 273.15)} \tag{3.70}$$

(8)原始数据记录表(表3.9)。

表3.9 原始数据记录表

干球温度 t_0/℃	湿球温度 t_W/℃	Δt/℃	相对湿度/%	τ/(s/10 L)	Δh/(mmH$_2$O)	B_0/kPa

加热功率 Q_p/W	含湿量 d/(g/kg$_{干空气}$)		入口温度 t_1/℃	出口温度 t_2/℃

3.6.5 计算实例

某一稳定工况实测参数如下：

$t_0 = 8$ ℃, $t_w = 7.8$ ℃, $t_f = 8$ ℃, $B_t = 99.727$ kPa, $t_1 = 8$ ℃, $t_2 = 240.3$ ℃, $\tau = 69.96$s/10 L, $\Delta h = 16$ mmH$_2$O, $Q_p = 41.842$ W, 由 t_0、t_w 查焓-湿图得 $\varphi = 94\%$, $d = 6.3$ g/kg$_{干空气}$。

计算：

(1) 水蒸气的容积成分

$$y_w = \frac{6.3/622}{1+6.3/622} = 0.010\ 027$$

(2) 电加热器单位时间放出的热量

$$Q'_p = 3.6 \times Q_p = 3.6 \times 41.842 = 150.632 \text{ kJ/h}$$

(3) 干空气质量流量

$$m_g = \frac{(1-0.010\ 027) \times (1\ 000 \times 99.727 + 9.81 \times 16) \times 36/69.96}{287(8+273.15)}$$

$$= 0.630\ 48 \text{ kg/h}$$

(4) 水蒸气质量流量

$$m_w = \frac{0.010\ 027(1\ 000 \times 99.727 + 9.81) \times 36/69.96}{461.5(8+273.15)}$$

$$= 0.003\ 975\ 5 \text{ kg/h}$$

(5) 水蒸气吸收的热量

$$Q_w = 0.003\ 975\ 5[1.833(240.3-8)+1.556 \times 10^{-4}(240.3^2-8^2)] = 1.728 \text{ kJ/h}$$

干空气的平均定压比热容为

$$c_{pm}\Big|_8^{240.3} = \frac{150.632-1.728}{0.630\ 48(240.3-8)} = 1.016\ 7 \text{ kJ/(kg·K)}$$

3.6.6 实验注意事项

(1) 电热器不应在无气流通过情况下投入工作，以免引起局部过热而损害比热仪本体。

(2) 输入电热器电压不得超过220 V，气体出口温度最高不得超过300 ℃。

(3) 加热和冷却要缓慢进行，防止温度计比热仪本体因温度骤然变化和受热不均匀而破裂。

（4）停止实验时，应先切断电热器电源，让风机继续运行 15 min 左右（温度较低时，时间可适当缩短）。

（5）实验测定时，必须确信气流和测定仪的温度状况稳定后才能读数。

（6）使用干湿球温度计时要注意以下几点。

①温度计应提前放置到测量地点。一般夏季要提前 15 min，冬季要提前 30 min，以消除由于仪器本身温度与测量现场温度不同而引起的测量误差。充分达到热湿平衡。

②包裹湿球温度计的纱布要力求松软、清洁，并且吸水性良好。湿润纱布时不要让水流入仪器的其他部分，并应经常保持纱布湿润。

3.6.7　空气定压比热随温度变化规律实验研究（选做）

1. 实验目的

（1）测定不同平均温度下空气定压比热容。

（2）建立空气定压比热容与温度的关系式。

（3）增加热物性实验研究方面的感性认识。

2. 实验原理

比热随温度变化关系如下。

假定在 0~300 ℃，空气真实定压比热与温度之间近似地有线性关系：

$$c_p = a + bt \tag{3.71}$$

则由 t_1 到 t_2 的平均定压比热为

$$c_p \big|_{t_1}^{t_2} = \frac{\int_{t_1}^{t_2} (a + bt)\,\mathrm{d}t}{t_2 - t_1} = a + b\,\frac{t_1 + t_2}{2} \quad \mathrm{kJ/(kg \cdot K)}$$

若以 $\left(\dfrac{t_1 + t_2}{2}\right)$ 为横坐标，$c_{pm}\big|_{t_1}^{t_2}$ 为纵坐标（图 3.30），则可根据不同温度范围的平均比热确定截距 a 和斜率 b，从而得出比热随温度变化的计算式 $a+bt$。

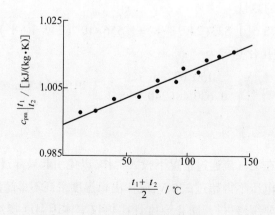

图 3.30　比热随温度变化关系

3. 实验步骤

(1)确定一空气流量,适当调大,确定一较小的加热功率,测定空气比热容。

(2)改变工况,改变加热量或改变流量,待出口温度稳定后,记录相关数据,共测 5 组数据。

(3)根据测得数据,做出平均比热与温度之间的关系曲线,并拟合出关系式。

(4)注意事项:试验过程中注意出口温度计读数,不要超过温度计量程,当温度接近温度计量程时,更换温度计。

4. 实验数据记录与处理

由参加实验同学自行设计完成。

3.7　燃料发热量的测定

燃料发热量是燃料的特性指标,表征了燃料品质的高低,只有掌握了燃料的发热值,才能对热力设备的燃料消耗量、热效率及燃烧工况做出计算与分析。燃料发热量的测量可以确定燃料在锅炉等热力设备完全燃烧时所放出的热量,它是确定锅炉、内燃机等热力设备的热性能时不可缺少的重要参量。燃料的发热量的表示方法有高位发热量与低位发热量两种。在这个实验中要了解燃料发热量的测定原理,掌握正确使用氧弹测热计测定固体燃料或液体燃料发热量的方法,这一实验对于培养学生周密地分析与考虑热工实验中的热量平衡问题,以及如何精确计量具有重要意义。

3.7.1　实验目的

(1)了解燃料发热量的表示方法及其区别。

(2)掌握正确使用氧弹测热计测定固体燃料或液体燃料发热量的方法。

(3)实验测量并计算得到实验燃料的发热量。

3.7.2　实验原理

燃料的发热值通常都是用实验的方法测定的,气体燃料的发热值采用流水型测热计测得,而固体燃料发热量的测定一般都是在氧弹测热计中进行的。它的工作原理是把一定量的燃料样品放入充满氧气的氧弹中,而氧弹又浸没在盛满水的容器中,借助于水温的升高数值测定,即可确定燃料样品燃烧后放出的热量。

氧弹测热计的结构如图 3.31 所示。氧弹测热计的主体为氧弹,它是用耐腐蚀合金材料制成的气密容器。它的性能应使燃料燃烧过程中保持稳定,且满足下述要求。

(1)不受高温腐蚀性产物的影响而产生放热或吸热的热效应。

(2)能经受燃烧瞬间产生的高压。

(3)良好的气密性。

双壁水套的内壁应高度抛光,以减少辐射作用,水套的容水量大,可以减少与周围环境的热交换。搅拌器的作用是使燃料的放热在量热系统中均匀分布。贝克曼温度计是一种可以改变测温范围的精密温度计(最小分度为 0.01 ℃)。

实验所需的仪器仪表有氧弹测热计、感量为 0.1 mg 的精密分析天平、分度为 0.01 ℃ 的精密温度计(或贝克曼温度计)、放大镜、万用电表、秒表、高压氧气、蒸馏水、量筒(2 000 mL 及 10 mL 各一个)、点火熔丝、小尺子、试样杯及燃料试样等。

3.7.3 实验步骤及数据记录

1. 准备工作

首先,把精确(用读数精确到 0 mg 的精密分析天平)称取的 1 g 左右的燃料试样(固体燃料或液体燃料 0.8~1.5 g、0.6~0.8 g 为宜),放在试样杯中,并将其放置在试样杯托上(注意试样杯要夹紧,不可松动)。再量取 10 cm 长的点火熔丝,并将它的两端紧系在氧弹的两只导电极的熔丝挂孔(或钩)上。令其中部下弯,而与试样杯中的燃料试样接触(当采用金属试样杯时,应特别注意切不可让点火熔丝和杯子的边缘或杯底接触)。

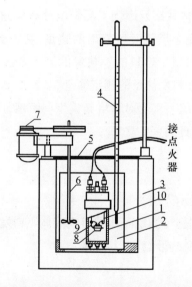

1—容器;2—浆式搅拌器;3—绝缘底垫;4—双壁外筒;5—顶盖;6—贝克曼温度计;
7—温度计照明装置;8—氧弹;9—坩埚 10—导电极。

图 3.31　氧弹测热计

然后向氧弹中注入 10 mL 蒸馏水,盖好并旋紧氧弹盖子,再充氧气至 20~30 bar[①](注意充氧时要缓慢,为了确保安全,充氧工具及压力表等切忌有油污)。用万用电表检查点火电路。

将氧弹放入测热计的水容器里,其位置应不妨碍搅拌器工作,再接好点火电路引线。用量筒向水容器注入 2 000 mL 或 3 000 mL 蒸馏水,水温应该比室温低 1.0~1.5 ℃ 为宜。

---

① 1 bar=100 kPa。

用万用电表再次检查点火电路,然后放上测热计的上盖,并小心地装好精密温度计,使其温包约位于氧弹测热计中水深的中部。

2. 进行实验

接上电源,开始正式实验。为了达到足够的精度和读取到必要的数据,把实验分为四个阶段进行。其过程见图3.32。

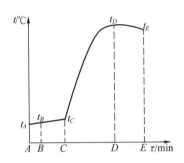

图3.32 氧弹测热计温度变化曲线

(1)准备阶段 AB

开动搅拌器搅拌120 s,这样做主要是为了使水容器内的温度更均匀。由于从外界环境吸热及搅拌作用的关系,水温可能略有上升(如初始水温高于室温,则水温会下降)。

(2)初阶段 BC

准备阶段完毕后,从 B 点开始记录水温。本阶段为300 s,每隔离60 s记录一次温度(用放大镜可以精确读到0.001 ℃)。同准备阶段的现象一样,本阶段中水温可能上升或下降。根据这一阶段的水温变化情况,可以找到实验前测热计与外界环境间热交换的规律,并可以以此校正此项误差。

(3)主阶段 CD

初阶段完毕后,在图中 C 点对应的时刻立即点火(按测热计点火器按键)。此后每隔30 s记录一次水温。开始时水温升高很快,以后温度的变化率逐渐减小。水的温度不再变化时即为主阶段终了。由主阶段可以找到水温的升高值及变化规律。

(4)末阶段 DE

主阶段结束既为末阶段的开始(通常水温开始下降)。这一阶段一般进行检查300 s,每隔60 s记录一次水温,其目的是为了找出实验后测热计与外界环境的热交换规律,并加以校正。

3. 实验完毕后的整理工作

实验完毕后,首先小心地取下精密温度计,将其擦干并放回原出。再打开测热计的盖,取出氧弹。先通过氧弹盖子上的放气阀缓慢地放出氧弹中的气体,然后打开氧弹的盖子,并注意观察试样燃烧情况(如发现氧弹内有黑烟或未燃尽的试样微粒,则需要重新做此实验)。然后,小心地取下未燃烧完的点火熔丝,把它伸直并测量剩余的长度,记录下来。最后倒掉水容器内的水,并擦净仪器与仪表。

4. 实验数据记录

实验过程中,数据的记录可以参考表 3.10 的形式。

表 3.10 燃料发热量测定的实验记录

测热器型号:＿＿＿＿＿＿＿

次数	温度	备注	次数	温度	备注
1			18		
2			19		
3			20		
4			21		
5			22		
6			23		
7			24		
8			25		
9			26		
10			27		
11			28		
12			29		
13			30		
14			31		
15			32		
16			33		
17			34		
燃料品种			修正系数 d		
燃料试样重/cm			测热器水当量 $(H+K_0)$/g		
放入熔丝长度/cm			室温/℃		
剩余熔丝长度/cm			试样的 S_a/%		
燃去熔丝长度/cm			试样的 H_a/%		
熔丝发热量/$(J \cdot g^{-1})$			试样的 W_a/%		

3.7.4 实验数据处理

1. 弹筒发热量的计算

测得的弹筒发热量(kJ/kg)可用下式计算:

$$Q_{dt}^f = \frac{K[(T+h)-(T_0+h_0)+\Delta t]-\sum gb}{G} \tag{3.72}$$

式中　K——测热计的水当量,kJ/℃；

　　　　T——实验主阶段的最终温度,℃；

　　　　h——T温度时,温度计刻度的校正值,℃；

　　　　T_0——实验主阶段的初始温度,℃；

　　　　h_0——T_0温度时,温度计刻度的校正值,℃；

　　　　Δt——测热计热交换的温度校正值,℃；

　　　　g——点火熔丝的燃烧热,kJ/kg；

　　　　b——已燃烧的金属丝重量,kg；

　　　　G——燃料试样的重量,kg。

通常,点火熔丝的燃烧热按产品说明书给定值取用,但当采用以下几种材质的点火熔丝时,其燃烧热可以按照下述数值取用。

铁丝:6 699 J/g；

铜丝:2 512 J/g；

镍丝:3 245 J/g。

上述点火熔丝的单位质量的长度(cm/g)可用天平称取后按平均值确定。

热交换影响的精确测定是极其复杂的,一般用经验公式来计算 Δt 的数值(℃),常用的经验公式为布捷公式：

$$\Delta t = \frac{t_1 + t_2}{2} m + t_2 r \tag{3.73}$$

式中　t_1——初阶段每逢 10 s 的温度变化的平均值,

$$t_1 = \frac{t_B - t_C}{10} ℃ \tag{3.74}$$

式中,t_B、t_C 如图 3.22 所示,当室温高于水温时为负值,反之为正值；

　　　　t_2——末阶段中每逢 30 s 的温度(℃)变化平均值：

$$t_2 = \frac{t_D - t_E}{10} \tag{3.75}$$

式中,t_D、t_E 见图 3.32。

　　　　m——主阶段中,每隔 30 s 内温度升高大于 0.3 ℃ 的次数；包括开始点火后 30 s 温度升高可能小于 0.3 ℃ 的那一次在内；

　　　　r——主阶段中,每隔 30 s 内温度升高小于 0.3 ℃ 的次数。

2. 高位发热值

燃料分析基的高位发热值计算公式为

$$Q_{gw}^f = Q_{dt}^f - (94.2 S_{dt}^f - a Q_{dt}^f) \tag{3.76}$$

式中　Q_{gw}^f——燃料分析基的高位发热值,kJ/kg；

　　　　Q_{dt}^f——测热计测出的燃料试样发热值,kJ/kg；

　　　　S_{dt}^f——由氧弹燃烧法测定的分析基含硫量,%；

　　　　94.2——每 1% 生成的 H_2SO_4 溶于水所放出的热量；

a——由氮生成的硝酸溶于水所放出热量的系数,对于贫煤、无烟煤 $a=0.001$,对于其他煤种 $a=0.0015$。

3. 低位发热值

燃料分析基的低位发热值(kJ/kg)计算公式为

$$Q_{dw}^f = Q_{gw}^f - 25(9H^f + W^f) \tag{3.77}$$

式中　H^f、W^f——燃料分析基氢与水分的含量。

3.7.5　实验注意事项

用氧弹测热计测燃料的发热量虽然很简单,但是由于条件的限制,必须考虑一些影响因素才能得到具有实用价值的燃料低位发热值。

(1)试样燃烧所放出的热量不仅能加热测热计中的水,而且也能加热测热器本身。因此实验时必须考虑测热器本身吸热的水当量。

(2)实验时,测热计中的水,除了获得因试样燃烧而产生的热量外,还会由于水和外界发生热量交换。因此,在计算时必须对热交换时损失的热量进行校正。

(3)实验时,点燃试样用的点火熔丝会燃去一部分,熔丝燃烧所放出的热量应在计算时尖去。

(4)实验时,氧弹内充有高压氧气,试样的燃烧情况与在一般热力设备中不同。这时氧弹中的氮气(包括空气和燃料所含的氮)可以生成硝酸,燃料中所含的挥发硫可生成硫酸。这些酸生成时会放出反应热,在计算时须加以校正。

(5)燃料燃烧产物中的水蒸气在氧弹中会凝结成水,放出汽化潜热。此热量在实际热力设备中不能应用,在计算时应该予以扣除。

(6)实验应该在不受阳光照射的一个独立房间内进行,最好选择北面的房间,且带有双层玻璃以及严密的门。室内不许安装加热设备,并尽可能减少室内气体的流动,减少室温的波动。最好在房间内安装空调设备。

3.7.6　思考题

(1)向氧弹内充氧的速度为何要缓慢?
(2)使用贝克曼温度计有什么优点?它能否测出温度的绝对值?
(3)使用金属试样杯时,为什么点火熔丝不能与试样杯直接接触?
(4)做燃料发热量实验时,对实验房间有什么要求?

3.8　空气热机效率测量实验

空气热机是一种外部加热的闭式循环发动机,也称为斯特林发动机,其工作原理是基于斯特林循环。斯特林循环理论最早由英国科学家斯特林在 1816 年提出。由于工业技术水平限制,早期的斯特林发动机效率较低,未能在工业中广泛应用。近年来,随着能源问题和环境问题的日益严峻,斯特林发动机又重新引起人们重视,在热电联产、余热利用、特种动力等方面,应用日益广泛。

空气热机具有结构简单、造价低、使用方便等优点,容易做成小型实验装置,特别适合于实验教学。本节的空气热机效率测量实验,有助于学生加深对理想气体热力学过程、卡诺循环原理、斯特林循环原理等知识内容的理解和掌握。

3.8.1　实验目的和要求

(1)理解空气热机原理及循环过程(斯特林循环)。
(2)测量不同冷热端温度条件下的热-功转换值,验证卡诺定理。
(3)掌握不同输出功率条件下的空气热机实际效率计算方法。

3.8.2　实验原理

1. 斯特林循环简介

斯特林循环原理图如图 3.33 所示,其中 1-2 过程为定温压缩过程、2-3 过程为定容吸热过程、3-4 过程为定温膨胀过程、4-1 过程为定容放热过程。斯特林循环过程中,3-4 过程热机从高温热源 T_H 吸收热量 q_1,1-2 过程热机向低温热源 T_L 排放热量 q_2。

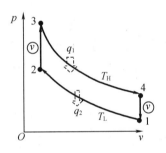

图 3.33　斯特林循环原理

2. 空气热机工作过程

空气热机的工作原理如图 3.34 所示,热机的核心部件是水平和垂直方向上运动的两个活塞,水平方向运动的称为位移活塞,垂直方向运动的称为工作活塞。二者通过连杆与飞轮连接,能够按照一定规律协同动作。两个活塞所在的气缸,对应地被称作位移气缸和工作气缸,两个气缸之间通过管道连接。位移活塞与位移气缸之间存在较大间隙,位移活塞在水平方向往返运动时,工质(空气)通过活塞与气缸之间的间隙,在位移活塞右侧(高温区)和位移活塞左侧(低温区)之间流动,实现工质的吸热和放热过程。工质在两个气缸之间流动时,推动工作活塞上下移动,通过飞轮旋转对外输出轴功。

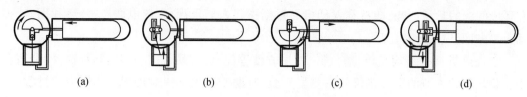

(a)   (b)   (c)   (d)

图 3.34　空气热机工作原理

空气热机的详细工作过程如图 3.34 所示。

图 3.34(a)：工作活塞位于最底端，在飞轮带动下，活塞开始向上运动，推动缸内工质向位移气缸流动。在连杆机构带动下，位移活塞从气缸中部快速向左运动(活塞在气缸中间位置时速度最大)，位移气缸左侧空间容积减少，右侧空间容积增大。工质从工作气缸流向位移气缸的高温区(位移气缸右侧)。

图 3.34(b)：工质在高温区受热膨胀，压强增大。高温工质通过管路进入工作气缸，推动工作活塞向上运动，此过程中工质的热能转化为飞轮转动的机械能。工作活塞在图中所示的气缸中间位置时，速度达到最大值，动能最大。

图 3.34(c)：在飞轮和连杆机构推动下，工作活塞从气缸顶部开始向下运动，推动工质向位移气缸流动。位移活塞从气缸中部快速向右移动(活塞在气缸中间位置时速度最大)，位移气缸右侧空间容积减少，左侧空间容积增大。工质从工作气缸流向位移气缸的低温区(位移气缸左侧)。

图 3.34(d)：工质在位移气缸低温区对外排出热量，温度降低，压强减小。在飞轮惯性和活塞动能作用下，工作活塞继续向下运动。在连杆机构的带动下，水平活塞开始向左移动。当工作活塞到达底部、位移活塞到达中间位置时，热机从图 3.33(d)状态进入图 3.33(a)状态，完成一个工作循环。

在上述工作循环中，工作活塞和位移活塞的作用是不同的。工作活塞对外做功，位移活塞不对外做功。位移活塞的作用是在循环过程中使工质在位移活塞的高温区和低温区之间来回流动。工作活塞与位移活塞的运动是不同步的，二者通过连杆机构形成一种巧妙的配合：当一个活塞处于位置极值(气缸两端)时，其速度达到最小值(零值)，而另一个活塞则处于气缸中间位置，速度达到最大值。

3. 空气热机的热效率

(1)理想循环效率

对于理想循环，工质在 2—3 定容吸热过程中从回热器吸收的热量，应该等于工质在 4—1 定容放热过程中放给回热器的热量。这样在一个循环完成后，回热器恢复到初始状态。因此斯特林循环属于概括性卡诺循环，其热效率等于相同温度条件下的卡诺循环热效率，即

$$\eta = \frac{A}{q_1} = 1 - \frac{q_2}{q_1} = 1 - \frac{T_L}{T_H} = \frac{\Delta T}{T_H} \tag{3.78}$$

式中　A——每一循环中热机做的功，J；

　　　q_1——热机每一循环从热源吸收的热量，J；

　　　q_2——热机每一循环向冷源放出的热量，J；

— 82 —

T_H、T_L——热源温度和冷源温度,K;

ΔT——热源和冷源的温度差。

（2）热机实际效率

实际热机由于工作过程中的不可逆循环,其热效率要低于理想循环热机,空气热机更是如此。对于空气热机,其热效率可以根据效率的基础公式计算,即

$$\eta_t = \frac{P_i}{P_o} \qquad (3.79)$$

式中 P_i——热机的输入功率;

P_o——热机的输出功率。

对于本实验,热机的输入功率为热源的电功率,$P_i = UI$。这里假定电加热器的加热效率为百分之百,且所有热量均被热机吸收,没有热量损失。（实际上热机只吸收了少部分热量,高温热源的大部分热量都损失掉了,这也是本实验中测得空气热机效率低的一个重要原因）

热机的输出功率通过测量飞轮输出端的轴功来计算,$P_o = 2\pi nM$。这里不考虑摩擦功等做功损失。

（3）卡诺定理的间接验证

从上面热机理想循环效率和实际效率分析可知,热机的实际效率要远低于理想循环效率。影响实际热机效率的因素较多,难以从能量损失方面来全面验证分析卡诺定理。这里从热机效率与热源温差关系的角度,开展一种间接验证卡诺定理的实验。

假设在单位时间内热机循环 n 次,每次循环吸热量为 q_1,单位时间内热机吸收的总热量

$$Q_1 = nq_1$$

根据热传递理论知识,在材料和结构尺寸不改变的前提下,热机与热源直接的传热量与传热温差成正比,即

$$Q_1 \propto \Delta T$$

进而有

$$Q_1 = nq_1 \propto \Delta T$$

即热机单次循环吸热量

$$q_1 \propto \Delta T / q_1$$

由公式（3.76）热机效率定义 $\eta = A/q_1$,可知热机效率

$$\eta \propto nA / \Delta T$$

即热机效率应当与 $nA/\Delta T$ 成正比关系。

对于实际空气热机来说,参数 n、A、T_1、ΔT 通过测量和计算获得。利用实验数据,计算不同冷热端温度条件下的 $nA/\Delta T$ 值,分析其与热机效率 $\eta = \Delta T/T_1 \eta$ 是否成正比例关系,来间接验证卡诺定理。

3.8.3 实验设备及操作规程

本实验采用四川世纪中科光电技术有限公司生产的 ZKY-PTE0200 型空气热机仪。

（本实验中关于实验设备、实验原理、实验操作等方面内容，大部分来自该公司提供的有关技术资料）

1. 实验系统总体介绍

ZKY-PTE0200 型空气热机仪实验设备如图 3.35 所示，主要由空气热机实验仪、空气热机电加热器电源、数据采集器等组成。

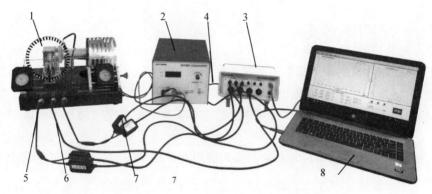

1—空气热机实验仪；2—空气热机电加热器电源；3—数据采集器；4—多芯连接线；

5—光电门适配器；6—多芯连接线；7—适配器；8—计算机。

图 3.35　空气热机实验的主要设备

系统性能指标如下：

（1）实验系统性能指标

①启动温差：≤120 K；

②输入功率：≤140 W；

（2）模块性能指标

①热机实验装置；

● 汽缸容积：20.8 mL；

● 输入电压：8~36 V；

● 调节步距：0.1 V；

● 热–功转换效率：约 1%；

● 实际输出功率：0.1~1 W；

● 测力计精度：±0.5；

● 测力计分度值：0.1 N、0.2 N；

● 飞轮挡光间隔：4°；

● 带双路脉冲光电门，采集频率最大为 10 kHz；

● 外形尺寸：20 cm×30 cm×20 cm。

②数据采集器

a. 模拟信号输入×4；

● 供电电压：+5 V±0.01 V；–5 V±0.01 V；

- 输入信号:−5 V ~ +5 V;
- 输入阻抗:1 MΩ;
- 最大耐压:±16.5 V;
- 实时采样率:4 通道共 200 kHz 采样率,每通道每秒 50 K 次实时采样、实时曲线,保存数据;
- 传输数据:热端温度、冷端温度、压强信号。

b. 数字信号输入×2

- 供电电压:+5 V±0.1 V;
- 电气标准:TTL 兼容;
- 最大吸收电流:20 mA;
- 高电平电压:+5 V;
- 低电平的最高电压:0.8 V;
- 传输数据:转动角度、转动速度。

c. 数字信号输出×2

- 电气标准:TTL 兼容;
- 高电平:+5 V;
- 低电平:<0.5 V;
- 用于控制电加热器工作功率等。

2. 主要设备介绍

(1)空气热机实验仪

图 3.36 为空气热机实验仪装置图。

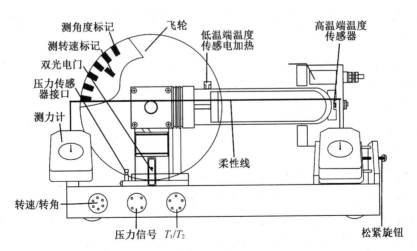

图 3.36 电加热型空气热机实验仪装置图

热机的核心部件是通过飞轮连杆机构连接的两个活塞,水平方向运动的称为位移活塞,垂直方向运动的称为工作活塞。两个对应的气缸则分别为位移气缸和工作气缸。

①气缸体积计算

工作气缸的体积随工作活塞的位置移动而改变,活塞位置通过飞轮盘旋转角度来推算。飞轮边缘均匀排列 45 个挡光片(见图 3.36 中"测角度标记"),利用光电门传感器确定飞轮转过的角度。光电门传感器信号采用上下沿触发方式,即飞轮每转 4°产生一个触发信号($45 \times 4 \times 2 = 360$)。通过计算光电门传感器产生的触发信号数量,即可计算飞轮盘转过的角度。

②热机转速测量

通过测量飞轮盘转速来测量热机转速。飞轮盘上有一个测速标记(见图 3.36 中"测转速标记")。飞轮每转动一圈,测速标记通过光电传感器一次,产生一个计数信号。单位时间内获得的计数信号个数,即为热机转速。

③气缸内工质参数测量

工质压力:工作气缸底部的压力传感器通过管道与气缸连通,利用压力传感器测量气缸内的压力。工质温度:在加热器内装有温度传感器,测量高温区温度。低温端气流通道上的温度传感器测量低温区温度。

④信号传输

热机实验仪底座上的三个插座分别输出转速/转角信号(光电门信号)、压力信号和高低端温度信号,经微处理器处理后,在仪器显示窗口显示热机转速和高低温区的温度。在仪器前面板上提供压力和体积的模拟信号,可连接示波器显示 $p-v$ 图。所有信号均可经仪器前面板上的串行接口连接到计算机。

⑤热机功率调节

a. 热源温度调节:空气热机的热端温度通过加热器提供,加热器电压从 8~36 V 连续可调。实验过程中根据不同输入功率需要调节加热电压值。

b. 输出轴功调节:调节测力计右端的松紧旋钮可调节柔性线与轮轴之间的摩擦力,改变摩擦阻力,通过两个测力计读数 F_1 和 F_2,可求得柔性线与轮轴之间的摩擦力($F = F_1 - F_2$),摩擦力矩 $M = Fr$(r 为输出轴半径相)。则热机输出功率 $P = 2\pi nM$,式中 n 为热机每秒的转速,即输出功率为单位时间内的角位移与力矩的乘积。

(2)气热机电加热器电源

①加热器电源前面板(图 3.37)

各按钮功能及操作简要说明如下。

1—电流输出指示灯:当显示表显示电流输出时,该指示灯亮。

2—电压输出指示灯:当显示表显示电压输出时,该指示灯亮。

3—电流电压输出显示表:显示加热器的电流或电压。当加热电源转速保护功能启动时,显示值变为数码闪烁状态(此时电流显示为零);当保护功能关闭时,显示值重新恢复成正常显示状态(此时电流显示为实际加载到加热器上的电流值)。

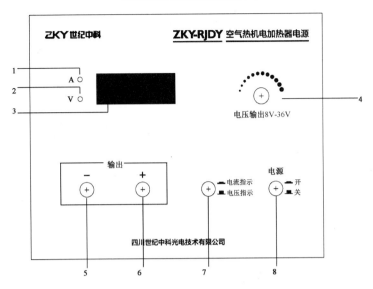

图 3.37　加热器电源前面板示意图

4—电压输出旋钮:可以根据加热需要调节电源的输出电压,调节范围为"8~36 V",电压调节精度 0.1 V。

5—电压输出"−"接线柱:加热器的加热电压的负端接口。

6—电压输出"+"接线柱:加热器的加热电压的正端接口。

7—电流电压切换按键:按下显示表显示电流,弹出显示表显示电压。

8—电源开关按键:打开和关闭仪器。

②加热器电源后面板(图 3.38)

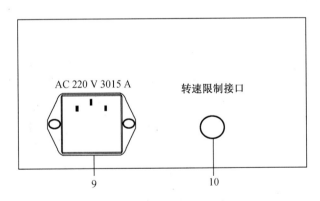

图 3.38　加热器后面板示意图

9—电源输入插座:输入 AC220V 电源,配 3.15 A 保险丝。

10—转速限制接口:当热机转速超过 15 r/s 后,主机会输出信号将电加热器电源输出断开,同时电压电流闪烁显示,停止加热,电流为零。在转速降回 8 r/s 后,电源输出恢复,电压电流停止闪烁,继续加热。

(1)数据采集器

数据采集器采集空气热机实验仪的原始数据,通过串口和计算机通信,并配有相应的热机软件,通过该软件显示采集到的信号,包括模拟信号和数字信号;该采集器除了直接采集信号外,还会为有供电需求的传感器供电。

①测试仪前面板简介(图 3.39)

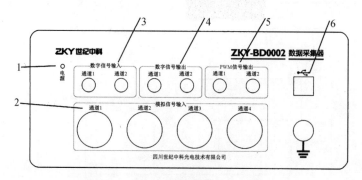

图 3.39 数据采集器前面板示意图

1—电源指示灯:灯亮表示数据采集器正常工作。

2—模拟信号输入:该四个接口接模拟信号,信号范围为±5 V,两个温度信号和压强信号都是接入模拟信号。

3—数字信号输入:该信号是数字信号的输入端,转速信号和角度信号都为数字信号。

4—数字信号输出:该信号是数字信号的输出,高电平 5 V,低电平 0 V,当转速超过 15 r/s 后,会变成低电平停止加热。两个数字信号输出口都可与转速限制接口信号连接。

5—PWM 信号输出:用于输出 PWM 的信号,暂时未用。

6—USB 串口:用于数据采集器与计算机的通信。

②数据采集器后面板简介(图 3.40)

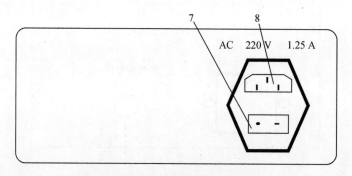

图 3.40 数据采集器后面板示意图

7—电源开关:打开和关闭仪器

8—电源输入插座:输入 AC 220 V 电源,配 1.25 A 保险丝

3.8.4 实验步骤

1. 实验设备检查

实验前学生应检查实验设备是否完全,各个设备、接线是否处于正确状态下。正常状

态下各设备间的接线连接描述如下。

①热机底座的"转速/转角"连接线与数据采集器的"数字信号输入"端口相连接;"压力信号"和"转速/转角"的连接线与数据采集器的"模拟信号输入"端口相连接。

②电加热器电源后面板上的"转速限制接口"与数据采集器的"数字信号输出"连接。

③加热器尾部的温度传感器接头接入底板的 T_1 接口。

④电加热器电源的输出接线柱和电加热器"输入电压接线柱"连接,黑色线对黑色接线柱,红色线对红色接线柱。电加热器上的两个接线柱不需要区分颜色,可以任意连接。

本实验的设备照片如图 3.41 所示。正常状态下,实验设备接线都已经连接好,不需要同学们自己动手连接设备。按照上述说明检查接线情况即可。

注意:如在检查过程中发现问题,请询问实验指导老师,没有老师的许可,切勿自行更改接线!

图 3.41　实验设备照片

2. 实验软件使用

实验软件已经安装好,同学们按照说明操作即可。下面以 Windows10 为例进行说明。

(1)鼠标右键单击程序图标 后,选择"以管理员方式运行",进入软件主界面,如图 3.42 所示。软件主界面主要包括:菜单栏、图形显示框、状态栏、接口选择、数据保存等。

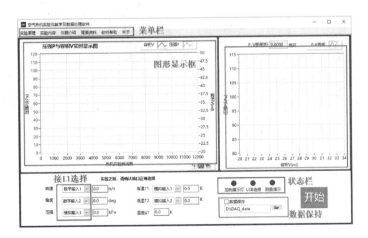

图 3.42　实验主界面

（2）点击屏幕上的绿色"开始"按钮运行程序,空气热机的实时数据、曲线将显示在屏幕上。（一定要先启动软件！只有在软件启动后,空气热机气缸的热端才开始加热。否则加热器电源不会输出电流,电源上的电流指示灯闪烁报警）

（3）查看电缆上的标识和数据采集器上的端口,然后从软件的下拉菜单中选择相应的端口,建立输入信号和数据采集端口的对应关系。

（4）读取软件界面显示的参数值。（若某些参数数值跳动无法读取,可以暂停数据采集程序,快速记录数据后,重新开始采集）

（5）数据采集/记录完成后,点击屏幕上的红色"停止"按钮,停止数据采集程序运行,此时界面上的曲线和参数值应停止更新。（此时电加热器停止工作,其电流状态灯应处于闪烁状态）。点击数据保存按钮,数据默认保存为 excel 格式。

（6）退出程序:点击右下角的"退出程序",或者右上角的×,出现退出选择对话框,点击"确认"即可退出程序。

3. 实验操作步骤

（1）打开空气热机实验仪各设备的电源,启动计算机。

（2）启动软件（具体操作过程见上节"软件操作说明"）。**注意**:软件启动后,加热器应处于工作状态,其电源指示状态灯不应处于闪烁状态。

（3）扭矩测量仪上的柔性线处于未安装状态（柔性线没有缠绕在热机输入轴上,如图3.43（a）所示）。

（4）调节加热器电源的电压输出旋钮,将加热电压调整到 36 V 左右（如图3.44（a）所示）。等待 6~10 min,观测计算机屏幕上显示的 T_1 与 T_2 温差值。当 T_1 与 T_2 温差为 120~150 ℃时,用手顺时针轻轻拨动空气热机的飞轮盘,热机启动,开始连续运转。

（a）柔性线未安装状态　　　　　　（b）柔性线已安装状态

图3.43　扭矩测量仪上的柔性线状态

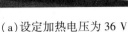

(a)设定加热电压为 36 V　　　　　　(b)电流值显示

图 3.44　空气热机电加热器电源的电压和电流状态显示

(5)将加热器电源的输出电压值调整为 22~24 V(在保证飞轮稳定转动的前提下,宜选择较小的加热电压),在计算机上观察压力和容积信号、压力和容积信号之间的相位关系等。等待约 5 min,热机温度和转速稳定后,记录当前加热电压值,并从计算机上读取温度值、转速值、p-v 图面积等数值,记入表 3.11。

(6)逐步加大加热功率(推荐加热电压间隔为 1.0 V),等待约 5 min,温度和转速稳定后,将相关数据记入表 3.11。

(7)重复以上测量 4 次或以上(注意最高转速不能超过 15 n/s),将相关数据记入表 3.9。

以上步骤为第一部分实验内容(完成实验数据表 3.11 记录)。

表 3.11　测量并计算不同冷热端温度时空气热机的热功转换值

加热电压 U(V)	热端温度 T_1(K)	温度差 ΔT(K)	$\Delta T/T_1$	A(p-v 图面积)(J)	热机转速 n	$nA/\Delta T$

注:表中加热电压 U、加热电流 I 可以直接从仪器上读出来,热端温度 T_1、温差 ΔT、转速 n、p-v 图面积 A 可以从计算机软件直接读出(单位为焦耳,J)。

下面步骤为第二部分内容(完成实验数据表3.12记录)。

表3.12 测量空气热机输出功率随负载及转速的变化关系

热端温度 T_1(K)	温度差 ΔT(K)	拉力 F_1(N)	拉力 F_2(N)	热机转速 n	力矩 $M=\lvert F_1-F_2 \rvert \cdot r$	输出功率 $P_o=2\pi nM$	输出效率 $Ho/i=P_o/P_i$

注:拉力 F_1、拉力 F_2、加热电压 U、加热电流 I 可以直接从仪器上读出来,热端温度 T_1、温差 ΔT、转速 n 可以从计算机软件直接读出;其他的数值可以根据前面的读数计算得到(M、P_o、$\eta o/i$ 可根据表中 T_1、ΔT、F_1、F_2、n 计算)。轮轴半径 $r=0.006\ 0$ m,输入功率 $P_i=UI$。

(8)加热器电源的输出电压值调整为36 V(此数值为最大加热功率,不能超过36 V),用手掌轻轻阻挡飞轮盘,让热机停止运转,将柔性线装在飞轮轴上(**注意**:柔性线在飞轮轴上缠绕一圈,线的交点在飞轮轴的上方,参见图3.45),用手掌顺时针轻轻拨动飞轮盘,让热机继续运转。

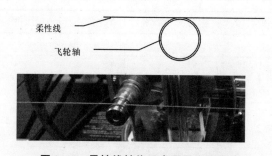

图3.45 柔性线缠绕示意图及实物照片

(9)缓慢调节测力计的旋钮(在测力计右侧),使柔性线逐渐张紧,飞轮轴与柔性线之间摩擦力增大。调节旋钮,使测力计右侧仪表的显示数值为0.3 N,注意要保证飞轮转速不能超过15 r/s。(注:张力计表盘在0~0.3 N没有刻度值,张力初始值应避免在此范围内,见图3.46)。建议在热机不超速的情况下,测力计指针尽量对齐较低数值的刻度线,比如0.3 N、0.4 N,这样实验中的拉力值调节范围更宽,实验过程更完整。

(a)张力调整为 0.3 N

(b)张力调整为 0.4 N

图 3.46 测力计张力调节

（10）测力计调整好后，等待 3～5 min，待转速、温度稳定后，读取并记录要求的各项参数。表中拉力 F_1 为测力计左侧仪表读数，拉力 F_2 为测力计右侧仪表读数。T_1、ΔT、n 等参数值可以从软件界面读取。

（11）调节测力计右侧旋钮，逐次增加测力计右侧仪表 F_2 读数，每次增加 0.1 N（0.2 N 也可，同学们可自己决定具体数值。调节的幅度大，意味着总的测量次数少），每次调节之后等待 3～5 min，热机运行稳定后记录相关数据（具体数据同步骤 10）。

（12）当热机飞轮转速小于 5 r/s 或不能连续稳定转动时停止测量。测量范围最好能覆盖热机转速范围的大部分，总的测量次数应不少于 6 次。记录完实验数据后，请关闭加热器电源、关闭计算机、整理好实验台、确认各设备电源关闭后，即可离开实验室。（**注意：**请保持热机转动状态，切勿停止热机转动，否则容易造成热机损坏！）

3.8.5 实验数据的记录与处理

（1）根据表 1 中记录的实验数据，以 $\Delta T/T_1$ 为横坐标，$nA/\Delta T$ 为纵坐标，作 $nA/\Delta T$ 与 $\Delta T/T_1$ 的关系图（可以使用计算机绘图），验证分析卡诺定理。

（2）根据表 3.9 中实验数据，以 n 为横坐标，P_0 为纵坐标，作 P_0 与 n 的关系图（可以使用计算机绘图）。分析同一输入功率下，输出负载不同时输出功率或效率随负载的变化关系。

3.8.6 实验注意事项

（1）使用前请首先详细阅读实验指导书，按照实验操作规程操作实验设备。

（2）本实验过程中存在触电和烫伤风险，请务必小心操作实验设备，实验过程中听从实验指导教师安排。

（3）为保证使用安全，三芯电源线须可靠接地。

（4）为保证使用安全，实验仪器采用市电 AC 220 V/50 Hz。

（5）空气热机电加热器和数据采集器为市电供电的电子仪器，为了避免电击危险和造成仪器损坏，非指定专业维修人员请勿打开机盖。

(6)仪器应储存于干燥、清洁、通风良好的地方。

(7)仪器各部件仅限用于实验指导及操作说明书规定的实验内容,请勿作他用。

(8)空气热机电加热器和数据采集器电源输入端为高压,严禁在通电情况下接触输入线缆的金属部分,否则可能会发生人身伤害。

(9)空气热机电加热器和数据采集器交流供电使用单相三线电源。三线电源线的地线必须良好接地,地线与零线不应有电位差。如果仪器没有正确接地将会导致严重致命的电气错误。

3.8.7　思考题

(1)以 n 为横坐标,三个参数 M、P_0、$\eta o/i$ 分别为纵坐标,利用计算机绘制曲线图(最好三个曲线放在同一个图内),描述上述参数随热机转速升降的变化趋势,试分析曲线间的关联关系。

(2)计算热机的理论热效率,对比你根据实验数据测得的热机热效率,指出理论效率和实测效率的差异,并分析造成这些差异的原因。(不要简单概况为"实验错误",这不够具体,也没有描述错误的来源/类型。)

(3)将斯特林循环与实验中获得的热机的实际循环 p–v 图进行比较,并试着总结理想循环与实际循环之间存在差异的可能原因。(建议首先分别绘制斯特林循环和热机实际循环的 p–v 图,然后在 p–v 图中分别解释每个工作过程,最后总结两个循环之间的差异。)

注意:思考题是实验考察的关键点,对实验成绩有非常重要影响,请同学们认真对待!

3.9　内燃机循环实验

内燃机是一种以燃料燃烧产物-燃气为循环工质的动力循环装置,燃料燃烧产生热能及热能转变为机械能的过程都是在气缸内进行。活塞式内燃机(汽油机、柴油机)因结构紧凑,占用空间小而广泛应用于交通运输等行业。本实验是在热力学基本定律的基础上对活塞式内燃机热力循环进行分析计算,寻求提高能量利用经济性的方向及途径。

3.9.1　实验目的

(1)了解内燃机装置基本构成,加深对内燃机动力过程的理解。

(2)掌握测功机、油耗仪以及测控系统等仪器设备的使用方法。

(3)实验测量内燃机特性参数,掌握内燃机性能评价方法,分析提高内燃机效率方法、途径。

3.9.2　实验原理

以四冲程汽油机为例。

四冲程包括进气、压缩、燃烧及膨胀、排气,它的实际工作循环可用示功图描述,如图3.47所示。0-1′为活塞右行进气过程,此过程中进气阀打开,吸入空气与汽油混合物;1′-2为活塞左行压缩过程,此时进、排气阀关闭,气缸中混合气体被压缩;当活塞左行至左止点(点2)附近时,混合气体被电火花点燃,即为燃烧过程2-3,此时燃烧过程进行迅速,而活塞的移动速度又很低,工质的体积变化很小而压力和温度急剧上升;3-4为高温高压燃气推动活塞右行的膨胀过程,对外进行做功;当活塞移动到右止点(点4)时,排气阀打开,部分废气经排气阀迅速排出,气缸内压力降低,即过程4-1″;然后活塞左行至左止点,将残余废气排出同,即排气过程1″-0,这样完成一个循环。

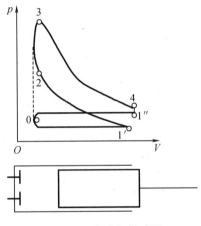

图 3.47 汽油机做功图

上述循环是开式的不可逆循环。为简化问题,突出热力学上的主要因素,必需忽略一些次要因素,对实际循环加以合理的抽象和概括,得到闭合的、可逆的理想循环。具体如下。

(1)认为燃气(工质)是理想气体的空气,比热容为定值。

(2)忽略实际过程的摩擦损失以及进、排气的节流损失,即图中0-1′与1″-0与大气压力线重合,进、排气推动功互相抵消。

(3)燃料燃烧加热工质过程视为从高温热源可逆吸热,因燃烧时气缸容积变化很小,可以认为是定容吸热,排气过程视为向低温热源定容下可逆放热。

(4)在膨胀和压缩过程中,忽略工质和气缸壁之间交换的热量,近似认定是定熵压缩和膨胀过程。

这样就可将汽油机的实际循环简化为定容加热理想循环,又称奥图(Otto)循环。其理想循环如图3.48和图3.49所示。1-2是定熵压缩过程,2-3是定容加热过程,3-4是定熵膨胀过程,4-1是定容放热过程。

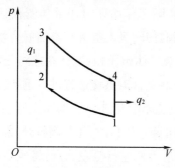

图 3.48 汽油机实际循环 *P*–*V* 图

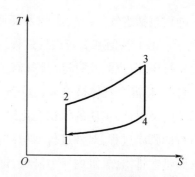

图 3.49 汽油机实际循环 *T*–*S* 图

单位工质在理想循环过程中,从高温热源吸收的热量(2-3 定容加热过程):

$$q_1 = c_v(T_3 - T_2) \tag{3.80}$$

向低温热源放出的热量(4-1 定容放热过程):

$$q_2 = c_v(T_4 - T_1) \tag{3.81}$$

按照循环热效率公式:

$$\eta_t = 1 - \frac{q_2}{q_1} = 1 - \frac{c_v(T_4 - T_1)}{c_v(T_3 - T_2)} = 1 - \frac{T_4 - T_1}{T_3 - T_2} \tag{3.82}$$

因 1-2 与 3-4 都是定熵过程,故有

$$T_3 = \left(\frac{v_4}{v_3}\right)^{k-1} T_4 , \quad T_2 = \left(\frac{v_1}{v_2}\right)^{k-1} T_1 \tag{3.83}$$

而 $v_1 = v_4$, $v_2 = v_3$,因此

$$\frac{v_1}{v_2} = \frac{v_4}{v_3} \tag{3.84}$$

故

$$\eta_t = 1 - \frac{T_4 - T_1}{T_3 - T_2} = 1 - \frac{T_4 - T_1}{(T_4 - T_1)\left(\dfrac{v_1}{v_2}\right)^{k-1}} = 1 - \frac{1}{\left(\dfrac{v_1}{v_2}\right)^{k-1}} \tag{3.85}$$

其中,$\dfrac{v_1}{v_2}$ 为压缩比 ε,k 为定熵指数,则

$$\eta_t = 1 - \frac{1}{\varepsilon^{k-1}} \tag{3.86}$$

式(3.86)表明,定容加热循环热效率随压缩比 ε 增大而提高,随负荷增加(q_1 增加)循环热效率并不变化。但为了保证正常燃烧,防止爆燃和输出功率影响,实际汽油机压缩比 ε 为 5~10。

3.9.3 实验装置

内燃机实验台完整演示了实际内燃机的运行过程,用于研究内燃机稳定运转工况下的扭矩、速度和功率输出。实验台主要由燃料供应、内燃机、仪表控制台、测功仪、连接安装组件及数据采集系统等构成。

内燃机实验台系统简图如图3.50所示,具体工作流程为燃油由燃油泵泵入燃料计量装置后进入发动机燃烧做功,操作控制台实现内燃机、测功仪协调控制,通过控制节气门、发动机转速等实现发动机稳态运行,由数据采集系统测出相应的内燃机扭矩、进(排)气温度、燃料消耗、进气压力等参数,计算得出内燃机输出功率、扭矩以及在不同转速下的燃料消耗和发动机效率的关系。

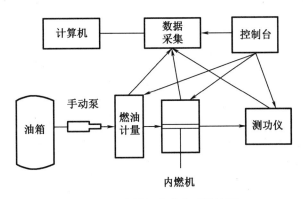

图3.50 内燃机实验台系统简图

仪表控制台由各类控制开关、参数显示屏、燃料供应/测量等构成,实现对实验台的整体控制和即时运行参数显示。

数据采集系统由传感器、激励电源、信号调节器、数据采集硬件和用户界面软件组成,对系统运行基本参数的压力、温度和转速功率进行采集,经USB与计算机相连,实时显示和记录实际运行数据以供后续分析。

3.9.4 实验步骤

1. 实验准备

(1)熟悉实验室环境

了解水源、电源配置,明确消防器材摆放位置、使用方法,安全撤离路线,穿戴好实验防护装置(实验服、护目镜等)。

(2)实验台静态检查

①熟悉实验台整体设备构成。

②燃油检查:在实验室外通风良好的地方加注合格燃油。

③滑油检查:查看机油尺,确保发动机有足够机油及各部件充分润滑。

④按表3.13所列项目进行实验台静态检查。

表 3.13　内燃机实验台静态检查项目

检查部位名称	应处状态	备注
皮带罩及安装螺母	紧固	
功率仪速度调节器	关闭	逆时针旋转至 0
功率仪扭矩调节器	关闭	逆时针旋转至 0
燃油连接软管夹	关闭	
发动机节气门	关闭	
主控器开关	关闭	逆时针旋转
主控器系统开关	关闭	
功率仪紧急开关	关闭	按箭头指示打开
功率仪驱动电源开关	关闭	
内燃机点火和驱动开关	关闭	主机和驱动器的停止开关

(3)数据记录准备

将数据记录仪的 USB 连接到 PC 端,使用已经准备好的相关软件,完成数据记录仪设置,为数据收集做好准备,需要依照步骤对相关区域进行设置并校准。

2. 实验操作

(1)启动内燃机操作见表 3.14。

表 3.14　启动内燃机操作次序表

序号	操作部位	操作方法
1	功率仪速度调节器	逆时针拧到 0 位
2	功率仪扭矩调节器	逆时针拧到 0 位
3	燃油加注	手动泵油入燃油计量管,夹紧进油管,防止燃油回流油箱
4	内燃机节气门	由关闭位置调节刚好离开停止点
5	主控器主电源	打开
6	主控器功率计显示器	按"＊"键显示 ZERO,按第二次达到近乎 00.00 状态
7	主控器压力计	调零
8	主控器控制系统开关	顺时针旋转打开
9	功率仪紧急开关	按箭头指示旋转处于"Up"位
10	功率仪驱动电源	旋转开关,亮灯显示
11	内燃机点火和驱动开关	打开,相邻红灯点亮,系统准备启动

表 3.12（续）

序号	操作部位	操作方法
12	启动	顺时针旋转扭矩调节器10圈,按住启动按钮,顺时针旋转速度调节器,电机将开始驱动发动机。转动电位器,使转速表显示的发动机转速约为1 500 r/min。 如果发动机正在点火,排气温度应该会升高。另外发动机听起来与滑行条件不同。如果发动机没有立即启动,请尝试短暂关闭汽油发动机上的阻风门杆或稍微打开节气门
13	暖机	内燃机启动正常后调节速度控制器,将发动机转速调整到3 010～3 020 r/min,缓慢打开节气门使功率仪显扭矩为正值。持续稳定运5 min后准备开始实验

（2）内燃机性能实验

①恒定油量供应下发动机的扭矩–速度和功率–速度性能

a. 实验开始时确定燃油计量管中燃油高度,利用秒表确定不同工况运行时燃油消耗的高度。

b. 调节功率仪顶部的速度调节器使发动机转速接近最大值,调整油门设置使功率仪显示为正值（实验过程中保持不变）。

c. 监测内燃机排气温度稳定后按表3.26所列项进行试验数据记录。

d. 油门保持不变,缓慢调节速度调节器少许降低转速,待排气温度稳定后再次记录数据。

e. 重复步骤d,直至内燃机接近"熄火"前为止。

f. 可改变油门设置重复进行步骤a-e过程。

②恒定转速下轴功率–燃油消耗关系测量

a. 实验开始时确定燃油计量管中燃油高度,利用秒表确定不同工况运行时燃油消耗的高度。

b. 调节功率仪顶部的速度调节器使发动机转速达到合适的恒定值,调整油门设置使功率仪显示为正值（实验过程中保持发动机转速不变）。

c. 对发动机进行预热,监测内燃机排气温度稳定后按表3.27所列项进行试验数据记录。

d. 稍稍加大油门,功率仪显的扭矩会稍有增加。待排气温度稳定后再次记录所需数据。重复此步骤,直至内燃机节气门接近或达到最大值为止。

e. 可改变油门设置重复进行步骤a~d过程。

③恒定转速下进气量对空气燃油比和热效率影响测量

a. 实验开始时确定燃油计量管中燃油高度,利用秒表确定不同工况运行时燃油消耗的高度。

b. 调节功率仪顶部的速度调节器使发动机转速到合适的恒定值,调整油门设置使功率仪显示为正值(实验过程中保持不变)。

c. 监测内燃机排气温度稳定后按表3.28所列项进行试验数据记录。

d. 稍稍加大油门,功率仪显的扭矩会稍有增加。待排气温度稳定后再次记录所需数据。重复此步骤,直至内燃机节气门接近或达到最大值为止。

e. 可改变油门设置重复进行步骤a~d过程。

④转速对内燃机内摩擦影响测量

a. 实验开始时不要将燃油管连接到发动机,发动机将在短时间内无燃油运行以便测量发动机内部摩擦。确保通往发动机的短燃油管中的任何燃油都会在最初几分钟内被烧掉。

b. 调节功率仪顶部的速度调节器使发动机转速接近最大值

c. 假设发动机没有点火(燃料耗尽),那么测功机将指示负扭矩。

d. 转速稳定后,按表3.29记录仪器上的所有参数。

e. 可改变油门设置降低速度重复进行步骤a~d过程。

(3)关闭实验台

①将发动机点火开关和驱动开关关闭(off)即可停止发动机,待发动机完全停止后将节气门调至最小。

②功率仪上扭矩调节器和速度调节器逆时针旋转归0。

③驱动电源开关旋至关闭(off,开关灯将熄灭)。

④关闭主控台控制系统开关、主开关。

⑤关闭主电源。

⑥打开燃油软管夹,让剩余的燃油缓慢流回燃油箱。

3.9.5　实验数据处理

数据处理需用的实验台参数见表3.15。

表3.15　内燃机实验台参数

实验系统	参数项	数值	单位
发动机	额定功率	2.8	kW
	缸径	60	mm
	行程	42	mm
	总排量	118	cm^3
	压缩比	7.5:1	

表 3.15(续)

实验系统	参数项		数值	单位
燃料供应	95#无铅汽油	密度	711~737	kg/m³
		净热值	42 471~44 807	kJ/kg
	油箱容量		0.6	L
	测量管体积/高度		$V = 0.266$	mL/mm
	空气质量流量		$2.056 \times 10^{-4} (\Delta p)^{1/2}$	kg/s

1. 内燃机扭矩-转速、功率-转速和特定燃料消耗曲线

示例:依据表 3.16 试验数据计算(表 3.17)内燃机轴功率、比油耗并作图(图 3.51 和图 3.52)。

表 3.16 恒定油量供应下发动机的扭矩-转速和功率-转速性能数据记录表

实验次序	1	2	3	4	5	6	7	8
发动机转速(N)	3 070	2 820	2 690	2 500	2 270	2 150	1 860	1 616
发动机扭矩(T)	6.5	7.5	7.7	8	7.3	7.5	6.8	7.2
空气温度(t_a)	19.7	19.7	19.7	19.7	19.7	19.7	19.7	19.7
排气温度(t_e)	393	387	380	374	363	355	349	328
燃油高度消耗(h)	30	30	30	30	30	30	30	30
消耗燃料的时间(a)	20.3	22	23	24	29	30	37.6	26.5
进气口压力(Δp)	67	60	57	51	45	42	36	29
节气门设置	最大开度							

轴功率 W:

$$W = T\overline{\omega} \tag{3.87}$$

$$\overline{\omega} = \frac{N \cdot 2\pi}{60} \quad \text{rad/s} \tag{3.88}$$

$$W = T\overline{\omega} = 2\ 089.7 \ \text{W} \tag{3.89}$$

油耗体积流量 V_f:

$$V_f = \frac{(0.266h)}{a} = 0.393 \ \text{cm}^3/\text{s} \tag{3.90}$$

油耗质量流量 M_f:汽油密度取 ρ_f 的平均值 = 734 kg/m³,则

$$M_f = \dot{V}\rho_f = 288 \ \text{g/s} \tag{3.91}$$

比油耗 SFC:

$$SFC = M_f/\dot{W} = 496 \ \text{g/kWh} \tag{3.92}$$

计算结果见表3.17。

表3.17 恒定油量供应下发动机的扭矩-转速和功率-转速试验计算结果

实验次序	1	2	3	4	5	6	7	8
发动机转速(N)	3 070	2 820	2 690	2 500	2 270	2 150	1 860	1 616
轴功率(W)	2 090	2 215	2 169	2 094	1 735	1 689	1 324	1 218
油耗体积流量(V_f)	0.393	0.363	0.347	0.333	0.276	0.268	0.212	0.201
燃料密度(ρ_f)	0.734	0.734	0.734	0.734	0.734	0.734	0.734	0.734
油耗质量流量(M_f)	1038	958.5	916.8	878.6	731	710.1	560.8	530.5
比油耗(SFC)	528.3	483.5	492.1	442.3	453.7	427.2	466.1	434.7

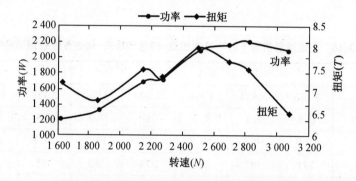

图3.51 内燃机扭矩-转速、功率-转速关系图

在测试过程中,最大扭矩出现在大约2 480 r/min,最大功率约为2.2 kW。对图表的检查表明,最大速度和最大功率点在同一速度下并不重合。

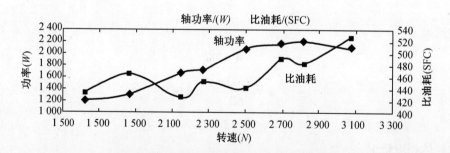

图3.52 内燃机功率-转速、比油耗关系图

在测试过程中,最大比油耗出现在大约3 100 r/min。最大轴功率出现在2 800 r/min左右,数值约为2.2 kW。对图表的检查表明,比油耗呈现出随转速降低震荡降低的趋势,轴功率也具有相同的趋势。

2. 恒定转速下轴功率-燃油消耗关系

示例:依据表3.18试验数据计算(表3.19)比油耗并作图(图3.53)。

表3.18 恒定转速下轴功率-燃油消耗关系数据记录表

实验次序	1	2	3	4	5	6
发动机转速（N）	2 550	2 550	2 550	2 550	2 550	2 570
发动机扭矩（T）	0.8	2.1	4.1	5.4	6.4	7.3
空气温度（t_a）	17.6	18.1	18.6	18.9	19.3	19.3
排气温度（t_e）	343	336	333	337	343	355
燃油高度消耗（h）	20	20	20	20	20	20
消耗燃料的时间（a）	36.6	33.3	26.15	23.6	20.75	19.9
进气口压力（ΔP）	10	12	19	25	31	39
节气门设置	最小	缓慢增加				

表3.19 恒定转速下轴功率-燃油消耗关系试验数据计算结果

实验次序	1	2	3	4	5	6
发动机转速（N）	2 550	2 550	2 550	2 550	2 550	2 570
轴功率（W）	213.6	560.8	1 094.8	1 442.0	1 709.0	1 964.6
油耗体积（V_f）	0.145	0.160	0.203	0.225	0.256	0.267
燃料密度（ρ_f）	0.734	0.734	0.734	0.734	0.734	0.734
油耗（质量）（M_f）	384.1	422.1	537.6	595.7	677.5	706.4
燃料消耗率	1 797.9	752.8	491.0	413.1	396.4	359.6

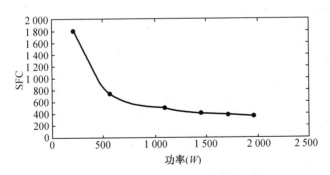

图3.53 内燃机2 550 r/min轴功率-比油耗关系图

对图表的检查表明,在相同的转速情况下,当节气门打开时,轴功率逐渐升高,会使比油耗逐渐降低,表明效率有所提高。

3. 恒定转速下进气量对空气燃油比和热效率影响测量

示例:依据表3.20试验数据计算（表3.21）空气燃油比和热效率并作图（图3-54）。

表 3.20　恒定转速下进气量对空气燃油比和热效率影响数据记录表

实验次序	1	2	3	4	5	6
发动机转速(N)	2 550	2 550	2 550	2 550	2 550	2 570
发动机扭矩(T)	0.8	2.1	4.1	5.4	6.4	7.3
空气温度(t_a)	17.6	18.1	18.6	18.9	19.3	19.3
排气温度(t_e)	343	336	333	337	343	355
燃油高度消耗(h)	20	20	20	20	20	20
消耗燃料的时间(a)	36.6	33.3	26.15	23.6	20.75	19.9
进气口压力(ΔP)	10	12	19	25	31	39
节气门设置	最小	缓慢增加				

以实验次序 1 记录数据为例,计算过程如下。

轴功率:

$$W = T\bar{\omega}$$

$$\bar{\omega} = \frac{N \cdot 2\pi}{60} \quad \text{rad/s}$$

$$W = T\bar{\omega} = 213.6 \text{ W}$$

油耗体积流量 V_f:

$$V_f = \frac{(0.266 \times 20)}{36.6} = 0.145 \text{ cm}^3/\text{s}$$

油耗质量流量 M_f:汽油密度取 ρ_f 的平均值 $= 734 \text{ kg/m}^3$

$$m_f = \dot{V}\rho_f = 0.106 \text{ g/s}$$

每小时的燃料消耗量:

$$M_f = 0.106 \times 3\,600 = 1\,038.7 \text{ g/h}$$

进气方程

$$m_a = 2.056 \times 10^{-4} \times \sqrt{\Delta p} \tag{3.93}$$

式中　　m_a——空气质量流量,kg/s;

　　　　Δp——压差,$\Delta p = \rho_{water} \times g \times p = 98.1 \text{ N/m}^2$。

因此,空气质量流量:

$$M_a = 2.056 \times 10^{-4} \times \sqrt{\Delta p} = 7.331 \text{ kg/h}$$

每小时空气燃料比按质量计:

$$\frac{M_a}{m_f} = 19.14$$

汽油的净热值通常为 42 471 ~ 44 807 kJ/kg,取平均值为 43 639 kJ/kg

因此汽油每小时释放的能量 Q_f:

$$Q_f = m_f \times 热值 = 4.643 \text{ kW} \tag{3.94}$$

相同条件下的轴功率:

$$W = T\overline{\omega} = 213.6 \text{ W}$$

热效率(燃料能/热量转化为有用功的效率):

$$\eta_{thermal} = \frac{w}{Q_f} = 4.59\% \tag{3.95}$$

计算结果(表 3.22)。

表 3.22 恒定转速下进气量对空气燃油比和热效率试验数据计算结果

实验次序	1	2	3	4	5	6
发动机转速(N)	2 550	2 550	2 550	2 550	2 550	2 570
轴功率(W)	213.6	560.8	1 094.8	1 442.0	1 709.0	1 964.6
油耗体积(V_f)	0.145	0.160	0.203	0.225	0.256	0.267
燃料密度(ρ_f)	0.734	0.734	0.734	0.734	0.734	0.734
油耗(质量)(M_f)	0.384	0.422	0.538	0.596	0.677	0.706
耗气量质量(m)	7.331	8.031	10.105	11.591	12.907	14.477
空燃比 m_a/m_f	19.09	19.02	18.80	19.46	19.05	20.49
热效率 $\eta_{thermal}$	4.59	10.96	16.80	19.97	20.81	22.94

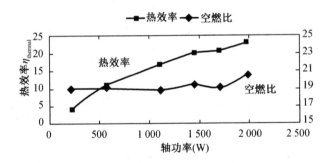

图 3.54 内燃机 2 550 r/min 轴功率-热效率、空燃比关系图

可以看出,在调低节气门设置时,轴功率逐渐降低,热效率也逐渐降低至最低。当节气门设置逐渐接近最大值时,热效率逐渐增加至最大。

空燃比在整个操作范围内几乎是恒定的,对于小型经济型发动机,化油器在保持空燃比恒定方面非常有效,因此可以保持较高的燃烧效率。

4. 转速对内燃机内摩擦影响测量

示例:依据表 3.23 的试验数据计算内燃机内摩擦并作图。

表 3.23　转速对内燃机内摩擦影响数据记录表

实验次序	1	2	3	4	5	6
发动机转速(N)	2 980	2 680	2 440	2 230	2 010	1 840
发动机扭矩(T)	−2.37	−2.2	−2.1	−1.92	−1.85	−1.8
节气门设置	最小限度					

轴功率计算结果见表 3.24。

表 3.24　转速对内燃机内摩擦影响试验数据计算结果

实验次序	1	2	3	4	5	6
发动机转速(N)	2 980	2 680	2 440	2 230	2 010	1 840
轴功率(W)	−740	−617	−537	−448	−389	−347

按表 3.24 数据可作图 3.55 内燃机转速-摩擦功率、轴功率关系图。图 3.55 中,摩擦功率以绝对值体现,轴功率是在全油状态下获得的。由图 3.55 可知,随着转速降低,轴功率会逐渐降低,摩擦功率会逐渐升高,发动机可提供的输出功率为克服摩擦功率后的剩余轴功率。

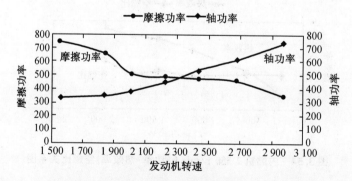

图 3.55　内燃机转速-摩擦功率、轴功率关系图

数据记录表见表 3.25 至表 3.29。

表 3.25　数据记录应用符号

符号	名称	单位	符号	名称	单位
a	消耗燃料时间	s	T	发动机扭矩	Nm
g	重力加速度	m/s^2	t_a	空气温度	℃
h	测量管中消耗的燃油高度	mm	t_e	排气温度	℃

表 3.25(续)

符号	名称	单位	符号	名称	单位
m_a	空气质量流量	kg/s	V	体积	cm^3
m_f	燃料质量流量	g/s	V_f	体积流量	cm^3/s
N	发动机转速	r/min	W	轴功率	kW
p	压力计液位高	mm	ω	角速度	rad/s
Δp	进气口压力	N/m^2	ρ_{water}	水密度	kg/m_3
Q_f	燃料的热输入率	kW	SFC	比油耗	g/kWh

表 3.26　恒定油量供应下发动机的扭矩-速度和功率-速度性能数据记录表

实验次序	1	2	3	4	5	6	7	8
发动机转速(N)								
发动机扭矩(T)								
空气温度(t_a)								
排气温度(t_e)								
燃油高度消耗(h)								
消耗燃料的时间(a)								
进气口压力(Δp)								
节气门设置	最大开度							

表 3.27　恒定转速下轴功率-燃油消耗关系数据记录表

实验次序	1	2	3	4	5	6
发动机转速(N)						
发动机扭矩(T)						
空气温度(t_a)						
排气温度(t_e)						
燃油高度消耗(h)						
消耗燃料的时间(a)						
进气口压力(Δp)						
节气门设置	最小	缓慢增加				

表 3.28　恒定转速下进气量对空气燃油比和热效率影响数据记录表

实验次序	1	2	3	4	5	6
发动机转速(N)						
发动机扭矩(T)						

表 3.28(续)

实验次序	1	2	3	4	5	6
空气温度(t_a)						
排气温度(t_e)						
燃油高度消耗(h)						
消耗燃料的时间(a)						
进气口压力(Δp)						
节气门设置	最小		缓慢增加			

表 3.29 转速对内燃机内摩擦影响数据记录表

实验次序	1	2	3	4	5	6
发动机转速(N)						
发动机扭矩(T)						
节气门设置	最小开度					

思考题:

(1)分析有哪些手段可以提高内燃机的热效率;

(2)分析会产生误差的原因。

3.10 朗肯循环蒸气动力装置性能实验

理想朗肯循环是蒸气动力装置最基本的循环,是所有热动力系统和循环研究的基础。现今主流热力发电厂的各种复杂蒸气动力循环包括再热循环和回热循环等都是在朗肯循环的基础上发展而来的。

各类循环中,作为工质的水在蒸气动力装置中时而处于液态,时而处于气态,如在锅炉或其他加热设备中,液态水汽化产生蒸气,高温高压蒸气经汽轮机膨胀做功后进入冷凝器又凝结成水,再返回锅炉,并且在汽化和凝结时可维持定温。因水和水蒸气不能助燃,只能从外热源吸收热量,所以蒸气循环必须配备锅炉。而锅炉的燃烧产物并不参与循环,因而燃料来源广泛,可为煤、渣油,甚至可燃垃圾等。本实验通过研究朗肯循环蒸气动力装置性能加深对朗肯循环基本过程的理解。

3.10.1 实验目的

(1)通过实验了解蒸气动力装置基本构成,加深对朗肯循环热力循环过程的理解。

（2）测定朗肯循环过程数据并计算热效率，掌握初始热力学计算方法。

（3）分析朗肯循环蒸气动力装置效率低下原因，探究提高效率途径。

3.10.2 实验原理

简单蒸气动力装置的理想可逆循环称为朗肯循环，它是指以水蒸气作为工质的一种理想循环过程，主要包括定熵压缩、定压加热、定熵膨胀以及一个定压冷却过程。基于朗肯循环计算出的热力学循环的热效率，被作为是蒸气动力发电厂性能的对比标准。

简单的蒸气动力装置（朗肯循环）由水泵、锅炉、汽轮机和冷凝器四个主要装置组成，如图3.56所示。朗肯循环 T-S 图和 P-V 图如图3.57、图3.58所示。

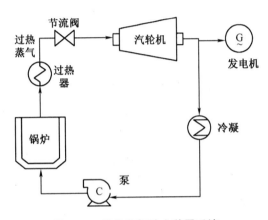

图3.56 简单蒸气动力装置系统

由 T-S 图，工质水在朗肯循环各设备中的基本热力过程如下。

1. 定熵压缩（3-4）

水在水泵中被压缩升压，泵水过程中水的流量较大，经水泵向周围环境的散热量折合到单位工质上可忽略不计。因而3-4过程简化为可逆绝热压缩过程，即定熵压缩过程。

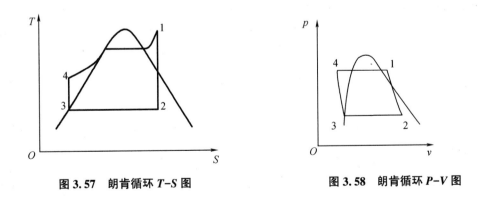

图3.57 朗肯循环 T-S 图   图3.58 朗肯循环 P-V 图

2. 定压加热（4-1）

燃料在锅炉中燃烧，放出热量，水在锅炉中吸热汽化成饱和蒸气，饱和蒸气在蒸气过热器中吸热成过热蒸气。工质被加热过程是在外部火焰与工质之间存在较大温差条件下进行的,工质压力会有损失,实际上是一个不可逆过程。理想的简化方式是只着眼于工质一侧,将传热过程的不可逆因素排除在系统之外,即不计工质压力变化,将加热过程假想为无数个与工质温度相同的热源与工质可逆传热。因而4-1过程理想化为可逆定压吸热过程,即定压加热过程。

3. 定熵膨胀(1-2)

高温高压蒸气在汽轮机内膨胀做功过程因其流量大、散热量相对较小,在不考虑摩擦等不可逆因素时,亦可简化为可逆绝热膨胀过程,即定熵膨胀过程。

4. 定压冷却(2-3)

从汽轮机排出的做过功的低压蒸气(乏气)进入冷凝器冷却成饱和水,同样将不可逆温差传热因素排除在系统之外考虑,简化为可逆定压冷却过程,即定压冷却过程。因过程在饱和区内进行,定压过程的同时也是定温过程。

冷却后的水再回到水泵中,从而完成一个循环。

朗肯循环热效率是基于蒸气动力装置除启动、停机及发生事故等状况外,正常工作时,工质处于稳定流动过程。工质在装置中各点状态参数由已知条件查水及水蒸气热力性质图、表或由相关软件计算得出,可分步计算出构成循环的各个过程中吸收、放出的热量及对外做出的功和从外界得到的功,从而计算出循环的热效率。

由朗肯循环的 $P-V$ 图和 $T-S$ 图:

锅炉内产生 1 kg 的新蒸气,工质吸收的热量是由定压过程 4-1 完成:

$$q_1 = h_1 - h_4 \tag{3.96}$$

汽轮机内,工质经绝热膨胀过程 1-2,对外做出的功为

$$w_T = h_1 - h_2 \tag{3.97}$$

冷凝器内,工质经定压放热过程 2-3,放出热量为

$$q_2 = h_2 - h_3 \tag{3.98}$$

水泵内水被绝热压缩,接受外功为

$$w_p = h_4 - h_3 \tag{3.99}$$

循环净功为

$$w_{net} = w_T - w_p = (h_1 - h_2) - (h_4 - h_3) \tag{3.100}$$

循环净热量为

$$q_{net} = q_1 - q_2 = (h_1 - h_4) - (h_2 - h_3) = (h_1 - h_2) - (h_4 - h_3) \tag{3.101}$$

循环热效率为

$$\eta_t = \frac{w_{net}}{q_1} = \frac{q_1 - q_2}{q_1} = \frac{w_t - w_p}{q_1} = \frac{(h_1 - h_2) - (h_4 - h_3)}{h_1 - h_4} \tag{3.102}$$

式中,h_1 是新蒸气的焓,h_2 是乏汽的焓,h_3 和 h_4 分别是压力为 p_2 的凝结水和压力为 p_1 的过冷水的焓。

由于水极易升压,水泵消耗的压缩功相对于汽轮机做出的功极小,在近似计算中常常忽略,则

$$\eta_t = \frac{h_1 - h_2}{h_1 - h_3} \tag{3.103}$$

3.10.3 实验设备

朗肯循环蒸气动力装置性能实验台完整揭示了朗肯循环的整个过程,实验台各组件如实地模拟了各系统(组件)在实际蒸气发电厂的用途和功能。实验台主要由燃料供应、蒸气发生锅炉、汽轮机、发电机、冷凝塔、操作系统及数据采集系统等构成。

朗肯循环蒸气动力装置性能实验台系统简图如图3.59所示,燃料燃烧产生热能使锅炉中工质水受热转变成蒸气,蒸气通过节流阀调节进入汽轮机,高温、高压蒸气流撞击叶片促使汽轮机高速旋转,发电机利用汽轮机的旋转运动从而产生电能输出,汽轮机排出乏汽进入冷凝塔冷凝为液态水,蒸气多余热量排放至大气。

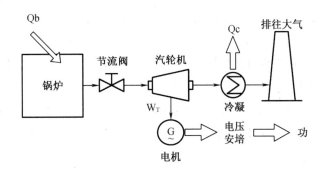

图3.59 朗肯循环蒸气动力装置系统

操作系统由系统控制面板的电源开关、燃气阀、燃烧器开关、负载开关、负载调节及锅炉水位报警指示灯、安培表、伏特表构成。

数据采集系统由传感器、激励电源、信号调节器、数据采集硬件和用户界面软件组成,对系统运行基本参数的压力、温度和流量进行采集,经USB与计算机相连,实时显示和记录实际运行数据以供后续分析。

3.10.4 实验步骤

1. 实验准备

(1)熟悉实验室环境,了解水源、电源配置,明确消防器材摆放位置、使用方法,安全撤离路线,穿戴好实验防护装置(实验服、护目镜等)。

(2)实验台静态检查:

①熟悉实验台整体设备构成。

②按表3.30所列项目检查实验台。

表3.30 实验台静态检测项目

检查部位名称		应处状态	备注
燃料(LP)钢瓶		关闭	
电源总开关		关闭	按操作面板标示
燃烧器开关		关闭	按操作面板标示
燃气阀		关闭	按操作面板标示
负载开关		关闭	按操作面板标示
负载调节器		零负载	逆时针旋转
锅炉检查	锅炉外观	正常	
	压力表	零位	
	水位指示器	无水位显示	实验前锅炉内水应排空
	前锅炉门	关闭且锁定	
	进汽阀	关闭	顺时针旋转
	蒸气管线	正常	
冷凝塔		已排空	

③锅炉注水:打开锅炉进气阀,使用带计量功能的容器向锅炉注入适量蒸馏水,注水完成后,关闭锅炉进气阀。

④连接计算机与实验台 USB 通讯电缆;打开燃料(LP)钢瓶开关,泄漏检查(有"嘶嘶"的声音或"臭鸡蛋"气味需立即关闭阀门检查)无误后,完成实验准备。

2. 实验操作

(1)计算机开机进入实验操控界面;打开燃气阀,开启电源总开关(绿色指示灯),燃烧器开关(红色指示灯),燃烧器点火后 3 min 内检查锅炉压力,若压力无变化,则关闭燃烧器开关,系统检查后重新点火

(2)锅炉预热。

①锅炉预热可使蒸气管线、阀门和汽轮机达到适当的工作温度,涡轮轴承进行润滑,预热过程对于向汽轮机提供高质量的蒸气至关重要。

②预热初期,在汽轮机和相关配件周围可看到小的蒸气泄漏和冷凝液滴,待汽轮机轴承间隙因热膨胀而密闭,这种情况会消失。如果不进行预热,蒸气在管路中会产生冷凝,导致系统整体性能下降。

③检查锅炉压力表,开、关蒸气进气阀,锅炉预热程序按表 3.31 操作。

表 3.31 锅炉预热程序

时间	锅炉压力	进气阀状态
点火后 3 min 内	缓慢上涨	关闭
点火后 10 min 内	862 kPa	关闭
		开启
	345 kPa	
		关闭
	862 kPa	
		开启
	345 kPa	
		关闭
锅炉开始稳态运行	862 kPa	

（3）稳态运行：

①缓慢开启蒸气进气阀，汽轮机开始旋转，带动发电机产生电力，继续加大蒸汽进气阀开度，直到发电机输出显示电压表约 9 V 为止。

②打开负载开关，调节负载调节器增加电力负载，实验系统稳态运行标志参数值见表 3.32。

表 3.32 实验系统稳态运行参数

参数	数值
安培表	约 0.3 A
伏特表	约 8.4 V
锅炉压力	约 862 kPa

③将锅炉水位指示器上挡板处读数标记为当前锅炉水位，同时记录系统稳态运行开始时间，调节蒸气进气阀维持系统稳态运行 10~15 min，记录稳态运行结束时间，完成实验。实验进行中随时注意锅炉水位指示，确保水位高度不低于 2.5 cm。

（4）关机执行程序按表 3.33 操作。

表 3.33 实验系统关机操作程序

检查部位名称	应处状态	备注
蒸气进气阀	关闭	顺时针旋转
水位指示器	设置下挡板标记水位	
燃烧器开关	关闭	红色指示灯熄灭

表 3.33(续)

检查部位名称	应处状态	备注
燃气阀	关闭	
负载调节器	零负载	逆时针旋转
负载开关	关闭	
电源总开关	关闭	
燃料(LP)钢瓶	关闭	
蒸气进气阀	完全打开	逆时针旋转

3.10.4 数据测量及处理

(1)计量冷凝塔内冷凝水体积(mL)。

(2)稳态运行过程耗水量:锅炉充分冷却,压力表指示为"零"。打开蒸气进气阀,通过锅炉后部的注水/排水阀向锅炉内注水至锅炉水位指示器上挡板位置(达到稳态运行开始时锅炉水位),用计量容器承接锅炉排水至锅炉水位指示器下挡板位置(达到稳态运行结束时锅炉水位),计量容器内水总量即为系统稳态运行期间耗水总量(mL)。

(3)数据记录

使用计算机运行 Rankine Cycler 软件显示(图 3.60)和记录实际运行数据以供后续分析。

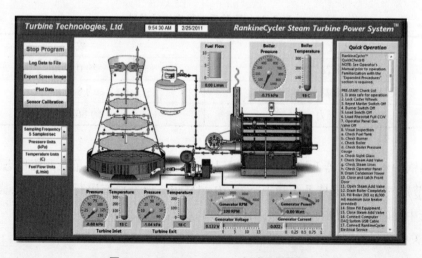

图 3.60　Rankine Cycler 实时显示界面

(4)实验数据计算机软件处理

在数据采集过程中,主要利用系统随附的数据收集软件进行操作,通过 excel 进行数据的处理及绘制,得到系统的稳态运行曲线,通过选取系统主要部位稳态运行点参数,通过查表将系统主要部位稳态运行参数补全,为后续计算提供基础数据支撑。

系统稳态运行效率计算部分,通过开口系统稳定流动能量方程对数据进行计算处理,计算过程中将整个热力系统进行合理简化处理。

①将 Rankine Cycler 软件记录的系统运行数据导出为 MS-Excel 格式,表中各参数列为按时间顺序记录的系统运行参数(图 3.61)。

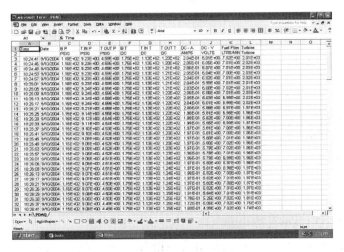

图 3.61 实验系统运行参数表

②使用 MS-Excel 电子表格绘图功能绘制"燃料流量与时间、锅炉温度与时间、锅炉压力与时间、涡轮进口/出口压力与时间、涡轮进口/出口温度与时间、发电机直流电流输出与时间、发电机直流电压输出与时间、涡轮转速与时间"线型图(图 3.62)。

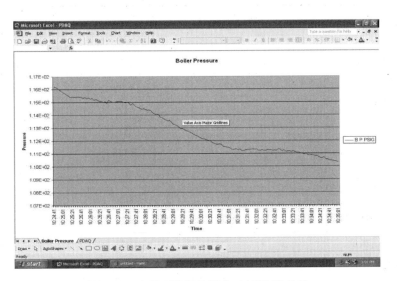

图 3.62 实验系统锅炉压力-时间变化关系

③依据记录系统稳态运行启动、结束时间,在绘制好的图形标记系统稳态启动和结束区间(图 3.63 中"虚线"所夹区间),在系统稳态运行区间选取某个特定时间提取该点参数值(图 3.63 中虚线区间内"实线"标记点),作为系统稳态运行性能分析点,为下一步计算做准备。

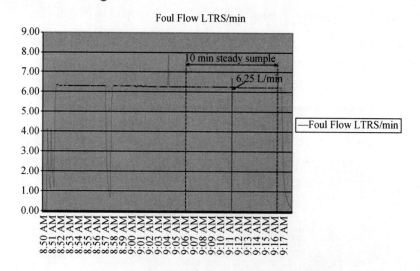

图 3.63　实验系统稳态运行特定时间点参数提取

（5）系统稳态运行效率计算

由图 3.62 选取稳态运行时间点,择取系统稳态运行时间点进行实验数据记录。

例:朗肯循环蒸气动力装置性能实验稳态运行数据见表 3.34,试对系统稳态运行时循环热效率、汽耗率、系统总效率等进行计算。

表 3.34　系统稳态运行数记录表

名称	符号	单位	数值
大气压力	P_0	kPa	101
初始锅炉填充量	v_{boiler}	mL	5 500
燃料流量	m_{flow}	L/min	6.25
锅炉压力	p_{boiler}	kPa	873
锅炉温度	T_b	℃	175
汽轮机入口压力	$p_{turbine\ in}$	kPa	170
汽轮机入口温度	$T_{turbine\ in}$	℃	157
汽轮机出口压力	$p_{turbine\ out}$	kPa	131
汽轮机出口温度	$T_{turbine\ out}$	℃	133
稳态运行凝结水量	V_c	mL	400
稳态运行锅炉用水	V_b	mL	2 115
发电机输出电压		V	6.3
发电机输出电流		A	0.21

按表 3.35 记录数据,查表（或程序计算）完成系统主要部位稳态运行参数。

表 3.35　数据记录表

系统位置		蒸气压力 (kPa)	蒸气温度 (℃)	蒸气比体积 (m³/kg)	蒸气焓 (kJ/kg)	蒸气内能 (kJ/kg)	蒸气熵 (kJ/kg·℃)
锅炉	出口	873	175	0.221 8	2 775	2 581	6.637
汽轮机	入口	170	157	1.15	2 785	2 590	7.394
	出口	131	133	1.412	2 740	2 555	7.40
冷凝塔	入口	等同汽轮机出口					
	出口	101	20	0.001	84	83.9	0.296

计算过程如下。

①系统稳态运行,单位时间燃料提供的总热量(标准状态 15 ℃时丙烷燃烧值为 93 756 kJ/m³):

$$(6.25 \text{ L/min}) \left[\text{m}^3/(1\ 000 \text{ L}) \right] (93\ 756 \text{ kJ/m}^3)(60 \text{ min/h}) = 33\ 752 \text{ kJ/h}$$

②系统稳态运行质量流量:

$$m = v_{\text{boiler}} t = [2\ 115 \text{ mL}/(10 \text{ min})] [1 \text{ kg}/(1\ 000 \text{ mL})](60 \text{ min/h}) = 12.69 \text{ kg/h}$$

③锅炉输出、吸收热量:

锅炉输出热量:

$$Q_{\text{boiler}} + m_{\text{in}}(h_{\text{in}} + ke_{\text{in}} + pe_{\text{in}}) = m_{\text{out}}(h_{\text{out}} + Ke_{\text{out}} + Pe_{\text{out}}) + w_{\text{out}}$$

假设没有冷凝水泵回锅炉,$m_{\text{in}} = 0$;动能和势能变化忽略不计,对外没有做功,$w_{\text{out}} = 0$。

$$Q_{\text{boiler}} = m_{\text{out}} h_{\text{out}} = (12.69 \text{ kg/h})(2\ 775 \text{ kJ/kg}) = 35\ 214.75 \text{ kJ/h}$$

锅炉吸收热量:

$$Q_{\text{boiler}} = m_{\text{out}}(h_{\text{out}} - h_{\text{in}}) = (12.69 \text{ kg/h})(2\ 775 - 84 \text{ kg/h}) = 34\ 148.79 \text{ kJ/h}$$

④汽轮机输出功率:

$$Q_{\text{turb}} + m_{\text{in}}(h_{\text{in}} + Ek_{\text{in}} + Ep_{\text{in}}) = m_{\text{out}}(h_{\text{out}} + Ek_{\text{out}} + Ep_{\text{out}}) + w_{\text{hurb}}$$

假设汽轮机工作过程为绝热,$Q_{\text{turb}} = 0$;稳定运行时汽机进出口质量流量相同且忽略势能变化。

$$w_{\text{turb}} = m(h_{\text{in}} - h_{\text{out}}) = (12.69 \text{ kg/h})(45 \text{ kJ/kg}) = 571.05 \text{ kJ/h}$$

⑤发电机效率:

$$W = UI = (0.21 \text{ A})(6.3 \text{ V}) = 1.32 \text{ W}$$

$$\eta_{\text{generator}} = \frac{\text{产生的电功率}}{\text{汽轮机输入功率}} \times 100\% = \frac{1.32}{159} \times 100\% = 0.83\%$$

⑥冷凝塔流出系统总热量、冷凝效率。

流出系统总热量:

$$Q_{\text{cond}} + m_{\text{in}}(h_{\text{in}} + Ek_{\text{in}} + Ep_{\text{in}}) = m_{\text{out}}(h_{\text{out}} + Ek_{\text{out}} + Ep_{\text{out}}) + w_{\text{cond}}$$

势能和动能的变化忽略不计,蒸气在冷凝塔内不做功,$w_{\text{turb}} = 0$;稳态下进出口流量相同。

$$Q_{cond} = m(h_{out} - h_{in})(12.69 \text{ kg/h})(-2\,656 \text{ kJ/kg}) = -33\,704.64 \text{ kJ/h}$$

冷凝效率:在系统稳态运行期间,收集到的冷凝水 $V_c = 400$ mL,稳态运行锅炉用水 $V_b = 2\,115$ mL。

$$\eta_{cond} = \frac{V_c}{V_b} \times 100\% = \frac{400}{2\,115} \times 100\% = 19\%$$

⑦朗肯循环效率、系统总效率:

$$\eta_{system} = \frac{产电功率}{输入能量} = \frac{1.32 \text{ W}}{33\,752 \text{ kJ/h}} = 0.014\%$$

思考题

(1)锅炉为管壳式结构。基本结构如图 3.64 所示,尺寸如表 3.36 所示。

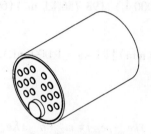

图 3.63　锅炉基本结构

表 3.36　锅炉尺寸

锅炉部位	尺寸(cm)
主壳外部长	29.65
主壳壁厚	0.64
端板外径	20.70
端板壁厚	0.64
主火管外径	5.08
17 根回程火管外径	1.90

计算锅炉最大注水量;当注水量为 5 500 mL 时,计算锅炉中水位位置;锅炉中未被水充满的空间体积是多少? 未被水覆盖的火管起到什么作用?

(2)分析系统总效率低的主要原因。

参 考 文 献

[1] 童钧耕,王丽伟,叶强.工程热力学[M].6 版.北京:高等教育出版社,2022.

[2] 傅秦生.工程热力学[M].2 版.北京:机械工业出版社,2020.

[3] 费业泰.误差理论与数据处理[M].7 版.北京:北京机械工业出版社,2015.

[4] 朱明善,刘颖,林兆庄,等.工程热力学[M].2 版.北京:清华大学出版社,2011.

[5] 俞小莉,严兆大.热能与动力工程机械测试技术[M].3 版.北京:北京机械工业出版社,2018.

[6] 吕崇德.热工参数测量与处理[M].2 版.北京:清华大学出版社,2001.

[7] 黄敏超,李大鹏,李小康,等.热工实验基础[M].北京:科学出版社,2021.

[8] 张国磊.工程热力学实验[M].哈尔滨:哈尔滨工程大学出版社,2012.

附　　录

附录 A　国际基本单位

表 A.1　国际基本单位

量的名称	单位名称	代号	定义	量纲代号
长度	米	m	米等于氪-86 原子的 2p10 和 5d5 能级之间跃迁时所对应的辐射,在真空中的 1650763.67 个波长的长度	L
质量	千克(公斤)	kg	1 千克等于国际千克原器的质量	M
时间	秒	s	秒是铯-133 原子基态的两个超精细能级之间跃迁所对应的辐射的 9192631770 个周期的持续时间	t
电流	安[培]	A	安培是一恒定电流,若保持在处于真空中相距一米的两根无限长而圆截面可忽略的平行直导线内,每米长度上的力等于 2×10^{-7} 牛顿	I
热力学温度	开[尔文]	K	热力学温度单位开尔文是水三相点热力学温度的 1/273.16	—
物质的量	摩[尔]	mol	摩尔是一系统的物质的量,该系统中所包含的基本单元数与 0.012 千克碳-12 的原子数目相等	N
发光强度	坎[德拉]	cd	对于频率为 540×1012 赫兹的单色辐射,在给定方向上的辐射强度为 1/683 瓦特每球面度	J

注:1. 圆括号中的名称,是它前面的名称的同义词。

2. 无方括号的量的名称与单位名称均为全称。方括号中的字,在不致引起混淆误解的情况下,可以省略。去掉方括号中的字即为其名称的简称。

附录 B　热力学常用单位

表 B.1　热力学常用单位

量的名称	常用单位	单位符号
压力	MPa	p
比体积	m^3/kg	v
摄氏温度	℃	t
比热容	$J/(kg \cdot K)$	c
焓	kJ/kg	h
质量热力学能	kJ/kg	u
熵	$kJ/(kg \cdot K)$	s
热量	kJ/kg	q
功量	kJ/kg	w

附录 C 饱和水蒸气压力表

表 C.1 饱和水蒸气压力表(按压力排列)

压力 p (MPa)	饱和温度 t_s (℃)	比容		焓		汽化潜热 r (kJ/kg)
		饱和水 v' (m³/kg)	饱和水蒸气 v'' (m³/kg)	饱和水 h' (kJ/kg)	饱和水蒸气 h'' (kJ/kg)	
0.001 0	6.982	0.001 000 1	129.208 00	29.33	2 513.8	2 484.5
0.002 0	17.511	0.001 001 2	67.006 00	73.45	2 533.2	2 459.8
0.003 0	24.098	0.001 002 7	45.668 00	101.00	2 545.2	2 444.2
0.004 0	28.981	0.001 004 0	34.803 00	121.41	2 554.1	2 432.7
0.005 0	32.900	0.001 005 2	28.196 00	137.77	2 561.2	2 423.4
0.006 0	36.180	0.001 006 4	23.742 00	151.50	2 567.1	2 415.6
0.007 0	39.020	0.001 007 4	20.532 00	163.38	2 572.2	2 408.8
0.008 0	41.530	0.001 008 4	18.106 00	173.87	2 576.7	2 402.8
0.009 0	43.790	0.001 009 4	16.206 00	183.28	2 580.8	2 397.5
0.010 0	45.830	0.001 010 2	14.676 00	191.84	2 584.4	2 392.6
0.015 0	54.000	0.001 014 0	10.025 00	225.98	2 598.9	2 372.9
0.020 0	60.090	0.001 017 2	7.651 50	251.46	2 609.6	2 358.1
0.025 0	64.990	0.001 019 9	6.206 00	271.99	2 618.1	2 346.1
0.030 0	69.120	0.001 022 3	5.230 80	289.31	2 625.3	2 336.0
0.040 0	75.890	0.001 026 5	3.994 90	317.65	2 636.8	2 319.2
0.050 0	81.350	0.001 030 1	3.241 50	340.57	2 646.0	2 305.4
0.060 0	85.950	0.001 033 3	2.732 90	289.93	2 653.6	2 293.7
0.070 0	89.960	0.001 036 1	2.365 80	376.77	2 660.2	2 283.4
0.080 0	93.510	0.001 038 7	2.087 90	391.72	2 666.0	2 274.3
0.090 0	96.710	0.001 041 2	1.870 10	405.21	2 671.1	2 265.9
0.100 0	99.630	0.001 043 4	1.694 60	417.51	2 675.7	2 258.2
0.120 0	104.810	0.001 047 6	1.428 90	439.36	2 683.8	2 244.4
0.140 0	109.320	0.001 051 3	1.237 00	458.42	2 690.8	2 232.4
0.160 0	113.320	0.001 054 7	1.091 70	475.38	2 696.8	2 221.4
0.180 0	116.930	0.001 057 9	0.977 75	490.70	2 702.1	2 211.4
0.200 0	120.230	0.001 060 8	0.885 92	504.70	2 706.9	2 202.2
0.250 0	127.430	0.001 067 5	0.718 81	535.40	2 717.2	2 181.8
0.300 0	133.540	0.001 073 5	0.605 86	561.40	2 725.5	2 164.1

表 C.1(续)

压力 p (MPa)	饱和温度 t_s (℃)	比容		焓		汽化潜热 r (kJ/kg)
		饱和水 v' (m³/kg)	饱和水蒸气 v'' (m³/kg)	饱和水 h' (kJ/kg)	饱和水蒸气 h'' (kJ/kg)	
0.35	138.88	0.001 078 9	0.524 25	584.3	2 732.5	2 148.2
0.40	143.62	0.001 083 9	0.462 42	604.7	2 738.5	2 133.8
0.45	147.92	0.001 088 5	0.413 92	623.2	2 743.8	2 120.6
0.50	151.85	0.001 092 8	0.374 81	640.1	2 748.5	2 108.4
0.60	158.84	0.001 100 9	0.315 56	670.4	2 756.4	2 086.0
0.70	164.96	0.001 108 2	0.272 74	697.1	2 762.9	2 065.8
0.80	170.42	0.001 115 0	0.240 30	720.9	2 768.4	2 047.5
0.90	175.36	0.001 121 3	0.214 84	742.6	2 773.0	2 030.4
1.0	179.88	0.001 127 4	0.194 30	762.6	2 777.0	2 014.4
1.1	184.06	0.001 133 1	0.077 39	781.1	2 780.4	1 999.3
1.2	187.96	0.001 138 6	0.163 20	798.4	2 783.4	1 985.0
1.3	191.60	0.001 143 8	0.151 12	814.7	2 786.0	1 971.3
1.4	195.04	0.001 148 9	0.140 72	860.1	2 788.4	1 958.3
1.5	198.28	0.001 153 8	0.131 65	844.7	2 790.4	1 945.7
1.6	201.37	0.001 158 6	0.123 68	858.6	2 792.2	1 933.6
1.7	204.30	0.001 163 3	0.116 61	871.8	2 793.8	1 922.0
1.8	207.1	0.001 167 8	0.110 31	884.6	2 795.1	1 910.5
1.9	209.79	0.001 172 2	0.104 64	896.8	2 796.4	1 899.6
2.0	212.37	0.001 176 6	0.099 53	908.6	2 797.4	1 888.8

附录 D 超级恒温器使用说明(501-OSY)

一、用途

本超级恒温器适用于生物、化学、物理、植物、化工等科学研究,作精密恒温时直接加热或辅助加热之用,亦可作普通玻璃温度计及其他测温仪表制造中标定温度等用。

二、结构概述

超级恒温器由外壳内外水套、电动循环泵、加热器、电接点式玻璃水银温度计及电控制器等部分组成。外壳由优质钢板制成,表面涂漆,内外水套由铜或不锈钢板制成,加热器为两根 750WU 型电热管并联而成。温度自动控制元件为电接点式玻璃水银温度计,在 0~100 温度范围内均可任意调节所需温度,电路控制部分采用可控硅元件组成的无触点开关,动作灵敏,运行可靠。

三、主要技术指标

1. 电度范围:室温+5~95 ℃。
2. 恒温波动度:±0.05 ℃。
3. 循环泵流量:>4 L/min。
4. 电源:AC220V 50 Hz。
5. 加热器功率:1 500 W。
6. 工作室(内水套)尺寸:ϕ175 mm×185 mm。
7. 外水套尺寸:ϕ328 mm×213 mm。

四、使用方法

1. 在内外水套内注满水(水面低于容器口 15 mm 左右)、外套从加水孔注水,内套打开盖后注水。水质以蒸馏水为宜、约 16 kg,若用自来水,必须每次清洗,以防积垢。忌用其他水源。

2. 将电接点式玻璃水银温度计悬挂在固定架上,将感温部分插入外水套。因玻璃易碎,故插入时要特别小心。将接线与控制箱上边的两个接线柱接好。

3. 温度设定:拧松电接点式玻璃水银温度计顶盖上的紧定螺钉,旋转顶盖,螺杆上的浮珠上下运动,视浮珠的上平面与实验所需的设定温度值对齐,随即拧紧顶盖上的紧定螺钉,则设定完毕。

4. 接通电源,开启电源开关,指示灯亮、加热器开始加热。开启电动泵开关,电动泵工作。待外层水套内达到设定温度、加热停止、指示灯灭。电接点式玻璃温度计下部显示实际温度。待一定时间后,内水套温度即与外水套温度一致,达到恒温状态。

5. 欲将外水套内水排出,需拧开箱体底部的放水螺栓。

6. 欲将小桶升降,须先松开升降杆的紧定螺钉后用手提取。

7. 上面盖板上装有螺旋管的进出气口(套有一根橡皮管的两个接嘴)、当实验所需使用温度略低于环境温度时、在有冷气供给的条件下,可由螺旋管的进气口不断进入冷气,以降低仪器内水温。

五、注意事项和维护修理

1. 此箱工作电压为 220 V、50 Hz,使用前必须注意所用电源电压是否相符,且必须将电源插座接地极按规定进行有效接地。

2. 在通电使用时,切忌用手触及电器控制箱内的电器部分或用湿布擦抹及用水冲洗。

3. 电源线不可缠绕在金属物上,不可放置在高温或潮湿的地方,防止橡胶老化以致漏电。

4. 因该仪器上面盖板为金属制成,故在使用温度高时切勿用手触摸盖板,以免烫伤。

5. 不得随便打开电器控制箱。维修时应由电工或修理人员修理、修理前必须切断电源。

6. 每次使用完毕,须将电源全部切断,并保持箱内外清洁。

7. 经常注水,工作状态下应保持内外水套内水面不低于容器口 15mm,否则电热管容易爆裂。水也不能注得太满,否则使用温度高时水会溢出。

六、电气原理方框图(图 D.1)

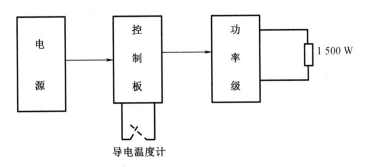

图 D.1　电气原理方框图

附录 E 0.5 级(D51 型)电动系可携式 瓦特表使用说明

一、用途

D51 型瓦特表为可携式交直流电动系仪表,用于直流电路及频率标准范围 45~65Hz 的交流电路中,精密测量电功率。也可作为校验低准确度等级仪表的标准表。

仪表完全符合国际标准 IEC51-84 和行业产品质量分等规定的优等品要求,适用于环境温度(23±10)℃相对湿度 25%~80%,且空气中不含有能引起仪表腐蚀的环境中。

二、主要技术特性

(1)仪表量限及主要电气参数列于表 E.1。

表 E.1 0.5 级(D51 型)电动系可携式瓦特表量限及主要电气参数

量限	消耗功率	仪表常数			
0.5/1 A 75/150/300/600 V	4.8 W	0.5 A/75 V	0.5 A/150 V	0.5 A/300 V	0.5 A/600 V
		0.5 瓦/格	1 瓦/格	2 瓦/格	4 瓦/格
		1 A/75 V	1 A/150 V	1 A/300 V	1 A/600 V
		1 瓦/格	2 瓦/格	4 瓦/格	8 瓦/格
2.5/5 A 75/150/300/600 V	4.8 W	2.5 A/75 V	2.5 A/150 V	2.5 A/300 V	2.5 A/600 V
		2.5 瓦/格	5 瓦/格	10 瓦/格	20 瓦/格
		5 A/75 V	5 A/150 V	5 A/300 V	5 A/600 V
		5 瓦/格	10 瓦/格	20 瓦/格	40 瓦/格
5/10 A 75/150/300/600 V	4.8 W	5 A/75 V	5 A/150 V	5 A/300 V	5 A/600 V
		5 瓦/格	10 瓦/格	20 瓦/格	40 瓦/格
		10 A/75 V	10 A/150 V	10 A/300 V	10 A/600 V
		10 瓦/格	20 瓦/格	40 瓦/格	80 瓦/格
0.5/1 A 48/120/240/480 V	3.8 W	0.5 A/48 V	0.5 A/120 V	0.5 A/240 V	0.5 A/480 V
		0.2 瓦/格	0.5 瓦/格	1 瓦/格	2 瓦/格
		1 A/48 V	1 A/120 V	1 A/240 V	1 A/480 V
		0.4 瓦/格	1 瓦/格	2 瓦/格	4 瓦/格
2.5/5 A 48/120/240/480 V	3.8 W	2.5 A/48 V	2.5 A/120 V	2.5 A/240 V	2.5 A/480 V
		1 瓦/格	2.5 瓦/格	5 瓦/格	10 瓦/格
		5 A/48 V	5 A/120 V	5 A/240 V	5 A/480 V
		2 瓦/格	5 瓦/格	10 瓦/格	20 瓦/格

表 E.1(续)

量限	消耗功率	仪表常数			
5/10 A 48/120/240/480 V	3.8 W	5 A/48 V	5 A/120 V	5 A/240 V	5 A/480 V
		2 瓦/格	5 瓦/格	10 瓦/格	20 瓦/格
		10 A/48 V	10 A/120 V	10 A/240 V	10 A/480 V
		4 瓦/格	10 瓦/格	20 瓦/格	40 瓦/格

(2)准确度等级:0.5 级。

当使用条件符合下列情况时,仪表标度尺工作部分的基本误差不应超过上量限的±0.5%。

①标准温度:(23±2) ℃

②除地磁场外,周围没有其他铁磁性物质和外磁场。

③被测量为直流或 45~65 Hz 的正弦交流(波形畸变系数小于 5%)。

④仪表位于水平工作位置(允许偏差±1°)。

⑤测量前用调零器调好机械零位。

⑥功率因数等于 1.0。电压为额定值。

(3)标度尺全长:约 110 mm,工作部分等于全长。

(4)阻尼响应时间:不超过 4 s。

(5)仪表在电压频率为额定值时,功率因数自 1.0 变化至 0.5(感性负载),同时电流为额定值的 50%变化至 100%时,指示值变化不超过上量限的±0.5%。

(6)位置影响:仪表自水平位置向任一方向偏离 5°时,其指示值的改变不超过上量限±0.25%。

(7)温度影响:当环境温度自(23±2) ℃改变±10 ℃时,改变量≤0.5 ℃。

(8)外磁场影响:通过与被试表同种类的电流所形成的强度为 0.4 kA/m 的均匀磁场,且在最不利方向和相位的情况下,由此引起仪表指示值的改变量不超过上量限±0.75%。

(9)绝缘电阻:仪表加约 500 V 直流电压 1 min 后≥5 MΩ。

(10)绝缘强度:外壳对电路能耐受 45~65 Hz 正弦电压 2 V 一分钟,电流电路对电压电路耐受 500 V(或 2UH)。

(11)外形尺寸:不大于 210 mm×152 mm×90 mm(图 E.1)。

(12)质量:不超过 2.2 kg。

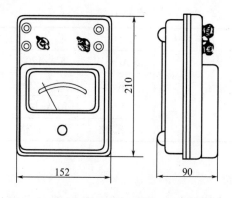

图 E.1 D51 型电动系可携式瓦特表外形

三、结构概述

本仪表具有矩形固定线圈、矩形可动线圈和带磁屏蔽的电动系测量机构。其屏蔽采用了高导磁率的铁镍合金。仪表可动部分采用张丝支承。为防止仪表受冲击使张丝拉断采用了套管式限制器。仪表采用磁感应阻尼和具有减少视差的反射镜和玻璃丝指针读数装置。测量机构与能发生较大热量的附加电阻之间隔开。量限的改变用转换开关来实现。仪表的外壳是密封的。采用酚醛塑料压制,表盖上有玻璃窗口及调节指针回零位的调零器。仪表的原理线路如图 E.2 所示。

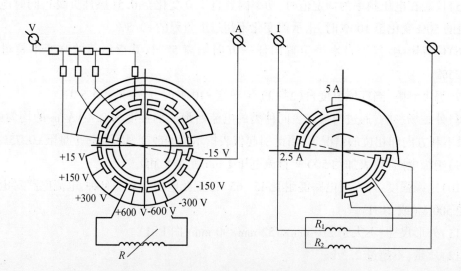

图 E.2 D51 型电动系可携式瓦特表原理线路图

四、使用规则

(1)仪表应水平放置,并尽可能远离大电流及强磁性物质。

(2)接入仪表前,按被测电流选用相应的导线,将仪表可靠地接入线路中。

(3)测量前利用表盖上的调零器将仪表的指针准确地调到标度尺的零位,并将转换开关转到相应于被测量值的量限上,尽可能先用较大的量限,以免使仪表过载,测量时当指针偏转少于上量限的 50%时,可将转换开关转到较小的量限上。

(4)测量时应注意,当功率因数小于 1.0 时,虽然指针未达到满偏转也可能使仪表过载,此时应注意不能使并联电路的电压或串联电路的电流超过 120%额定值 2 h 过载。

(5)当须扩大交流电流量限时,可配用 HL55 型电流互感器。此时被测量的数值按下式计算:

$$X = K \cdot C(\alpha + \Delta\alpha)$$

式中　K——电流互感器的变化,不用互感器时 $K=1$;

　　　C——仪表常数,$C=$满偏转值/仪表标度尺的格数;

　　　α——仪表读数(格数);

　　　$\Delta\alpha$——相应读数分度线上的校正值(格数)。

五、运输与保管

(1)运输仪表时必须包装好,避免使仪表受到强烈振动。

(2)保存仪表的地方不应有灰尘,其环境温度为 0~40 ℃,相对湿度 85%,且在空气中不应含有足以引起腐蚀的有害杂质。

附录 F 直流携带式电位差计使用说明

一、概述

上海电表厂生产的 UJ33a 型为测量精度 0.05% 的直流携带式电位差计(图 F.1)。可在实验室、车间及现场测量直流电压,亦可经换算后测量直流电阻、电流、功率及温度等。

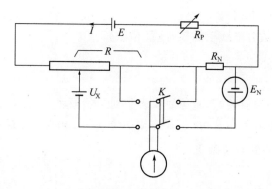

图 F.1 UJ33a 型直流携带式电位差计(上海电表厂生产)

本仪器可以校验一般电压表及有转换开关、经转换后可做电压信号输出,对电子电位差计、毫伏计等以电压作为测量对象的工业仪表进行校验。

仪器有内附晶体管放大检流计、标准电池及工作电池,不需外加附件便可进行测量。同时避免了采用作为工作电源的电位差计的工业干扰,使测量工作正常进行。

仪器内附标准电池为 BC5 型不饱和标准电池,温度系数小,不必对其进行温度补偿,测试方便。

二、主要技术指标

(1)本仪器全部符合标准《直流电位差计》(GB/T 3927—2008)。

(2)各主要指标(表 F.1)。

表 F.1 UJ33a 型直流携带式电位差计主要指标

量程因数	有效量程	分辨力	基本误差允许极限	热电势	检流计灵敏度
×5	0~1.055 0 V	50 μV	≤0.05%UX+50 μV	≤2 μV	≥格/50 μV
×1	0~211.0 mV	10 μV	≤0.05%UX+5 μV	≤1 μV	≥格/10 μV
×0.1	0~21.10 mV	1 μV	≤0.05%UX+0.5 μV	≤0.2 μV	≥格/3 μV

注:校对"标准"时,工作电流相对变化 0.05% 时,检流计指针偏转大于 1 格。

（3）仪器使用条件：

①温度参考值：（20±2）℃。

②温度标称使用范围：5～35 ℃。

③相对湿度标称使用范围：25%～75%。

（4）外壳对线路绝缘电阻 R_J>100 MΩ。被测电压的最大源电阻为 1 kΩ。

（5）仪器工作电流 3 mA，标称工作电压 9 V，可用范围 5～12 V，由 6 节 1.5 V 干电池串联供电。

（6）仪器能耐受 50 Hz 正弦波 500 V 电压历时 1 min 的耐压试验。

（7）外形尺寸：310 mm×240 mm×170 mm。

（8）质量：<5 kg。

三、原理

本电位差计根据补偿法原理制成。

调节 R_p 阻值，当工作电流 I 在 R_N 上产生电压降等于标准电池电势值 E_N 时，如开关 K 打入右边，检流计便指零，此时工作电流便准确地等于 3 mA，上述步骤称为对"标准"。

测量时，调节已知的电阻 R，使其工作电流 3 mA 产生的电压降等于被测值 $U_X = IR$，如开关打入左边，检流计指零。从而由已知的 R 阻值大小来反映 U_X 数值。

详细原理线路图如图 F.2 所示。

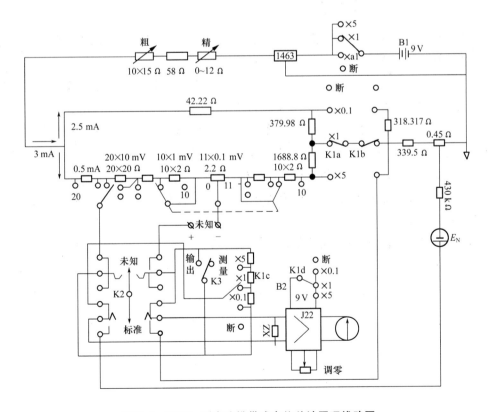

图 F.2　UJ33a 型直流携带式电位差计原理线路图

四、使用说明

1. 测量未知电压 U_X

打开后盖,按极性装入 1.5 V 1 号干电池 6 节及 9 V 6F22 叠层电池 2 节,倍率开关从"断"旋到所需倍率。此时上述电源接通,2 min 后调节"调零"旋钮,使检流计指针示值为零。被测电压(势)按极性接入"未知"端钮,"测量–输出"开关放于"测量"位置,扳键开关扳向"标准",调节"粗""微"旋钮,直到检流计指零。

扳键扳向"未知",调节Ⅰ、Ⅱ、Ⅲ测量盘,使检流计指零,被测电压(势)为测量盘读数与倍率乘积。

测量过程中,随着电池消耗,工作电流变化。所以连续使用时经常核对"标准",使测量精确。

2. 信号输出

按上述步骤,在对好"标准"后,将"测量–输出"开关旋到"输出"位置(即检流计短路)。选择"倍率"及调节Ⅰ、Ⅱ、Ⅲ测量盘,扳键放在"未知"位置,此时"未知"端钮二端输出电压值即为倍率与测量示值的乘积。

使用完毕,"倍率"开关放"断"位置,免于二组内附干电无谓放电。若长期不使用,将干电取出。

五、维护保养和注意事项

(1)仪器应存放在周围空气温度为 5~35 ℃,相对湿度小于 80% 的室内,空气中不应含有腐蚀性气体。若仪器长期不用,将干电池取出。

(2)仪器若无法进行校对"标准",则应考虑 9 V 工作电源寿命已完所致。打开仪器底部两个大电池盒盖,依正负极性放入 6 节 1 号干电池。

(3)使用中,如发觉检流计灵敏度显著下降或没有偏转,可能因晶体管检流计电源 9 V 电池寿命已完毕引起,打开仪器底部小电池盒盖,插入 9 V 6F22 叠层电池 2 节,进行更换。

(4)仪器应每年计量一次,以保证仪器准确性。

(5)长期搁置仪器再次使用时,应将各开关、滑线旋转几次,减少接触处的氧化影响,使仪器工作可靠。

(6)仪器内部应保持清洁,避免阳光直接曝晒和剧震。

附录 G　压力表校验器使用说明
（CJ6 型、CJ60 型）

一、用途

压力表校验器适用于用标准表校验各种普通压力表。

二、结构原理

压力发生系统是由一个螺杆和一个容器和二个阀门一个油容器阀门组成,彼此用导管连通。如图 G.1 所示。

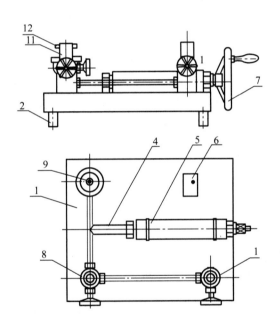

12	胶 木 手 柄
11	连 接 螺 母
10	阀　　　3
9	油 容 器 阀 门
8	阀　　　2
7	压 力 泵 手 轮
6	铭　　　牌
5	压　力　泵
4	连　接　管
2	支　　　脚
1	底　　　盘
序号	名　　　称

图 G.1　压力发生系统

三、外形尺寸

长×宽×高:500 mm×300 mm×160 mm

四、使用须知

(1)仪器使用时必须放在坚固平稳的工作台上,并不受任何震动。

(2)操作时首先将仪器四脚调平。

(3)检查油杯油量将油阀打开,如油量不够时应加进洁净的油然后将盖盖好。

(4)开启油容器阀门 9 并右旋压力泵手轮将油缸内的空气压出。

(5)左旋压力泵手轮使油缸容器充满液体后,再关闭油阀9。

(6)在校表时将标准表装在阀2上,将被校表装在阀3的连接螺母上,然后右旋压力泵手轮使容器造成一定的压力,开启阀2、阀3,比较标准表和被校压力表的示值。

五、维护保管

(1)仪器使用时的环境温度10~30 ℃。

(2)仪器应保存在周围环境温度为5~35 ℃,空气相对湿度不大于80%洁净而干燥的室内。

(3)仪器使用之油类,必须纯净无杂质无酸性,用过的油必须经过过滤或沉淀除去其污秽部分后方准使用。

(4)用过后的仪器必须擦拭清洁,用仪器罩盖好,如暂时不用的仪器可在仪器上涂上防锈油然后装箱存放。

六、仪器使用的液体

0~6 MPa用变压器油;

0~60 MPa用蓖麻油。

附录 H　饱和蒸气压测定和临界现象观测实验仪使用说明

一、注意

(1)使用前请首先详细阅读本说明书。

(2)真空泵的使用说明请参见对应的说明书。

(3)为保证使用安全,三芯电源线须可靠接地。

(4)为保证使用安全,实验仪器采用市电 AC 220 V/50 Hz。

(5)真空泵、测试台均为市电供电的电子仪器,为了避免电击危险和造成仪器损坏,非指定专业维修人员请勿打开机盖。

(6)实验仪加热时不要触摸其上的腔体。

(7)真空泵工作时,油量应当保持在距离油窗底部 1/4~3/4。

(8)真空泵进气口与大气相通运转严禁超过 3 min。

(9)严禁使用真空泵直接抽取制冷剂,否则会损伤泵体。

(10)真空泵工作时表面会发热,请不要触碰油箱或电机机壳。

(11)请勿直接接触制冷剂,防止造成冻伤。

(12)流体罐内盛放高压气体,应避免阳光直射,存放在通风良好的地方。

(13)需要释放制冷剂时,请保证操作区域通风良好,避免引起不适甚至窒息危险。

(14)实验区域应远离出风口或环境温度变化较快的地方(如风扇或空调出风口)。

(15)仪器应储存于干燥、清洁、通风良好的地方。

(16)仪器各部件仅限用于实验指导及操作说明书规定的实验内容,请勿作他用。

二、仪器组成

饱和蒸气压测定和临界现象观测实验仪及其组成如图 H.1 及表 H.1 所示。

压力腔

测试台

单芯连接线　PT100温度　多芯连接线　多芯连接线
　　　　　传感器

图 H.1　饱和蒸气压测定和临界现象观测实验仪

注:图片仅供参考,以实物为准。

表 H.1　饱和蒸气压测定和临界现象观测实验仪组成

序号	编码	名称	数量	备注
1	ZKY-PC0023	压力腔	1件	含 DC12V 背光源
2	ZKY-PC0022	饱和蒸气压测试台(测试台)	1件	
3-1	ZKY-BA0064	单芯连接线	1件	两端鱼叉头,线长 500 mm,红色
3-2	ZKY-BA0063	单芯连接线	1件	两端鱼叉头,线长 500 mm,黑色
4	ZKY-BH0021	PT100 温度传感器	1件	一端四芯航空插头,线长 600 mm
5	ZKY-BA0061	多芯连接线	1件	两端 DC2.1 插头,线长 500 mm
6	ZKY-BA0062	多芯连接线	1件	两端两芯航空插头,线长 500 mm
	ZKY-AF0021	真空泵	1件	多套仪器配1件真空泵(含泵油1瓶),图 H.1 中未画出
	ZKY-PC0016	工作物质(流体罐)	1件	多套仪器配1罐流体,图 H.1 中未画出
	ZKY-BB0027	连接管	2件	多套仪器配2件连接管,图 H.1 中未画出

1. 概述

饱和蒸气压是流体工质最重要的热力学性质之一,也是与热力学相关课程中最基本的概念。通过本实验能够使学生准确和形象的认识饱和蒸气压的概念,并进一步加深对饱和状态、临界状态、凝结、汽化等热力学现象的了解,对于学习热力循环及化工过程等都具有重要作用。

本实验对饱和蒸气压的测量基于最为常用的静态法测量原理,首先将被测流体抽真空后充灌,然后控制被测流体的温度达到平衡后测量气相压力,测量时容器内几乎无空气残留,且流体气-液相达到动态平衡,完全复现了饱和蒸气压的特征。

2. 性能特性

(1)控温范围:10~80 ℃。

(2)温度显示分辨率:0.01 ℃。

(3)控温精度:±0.05 ℃。

(4)压力腔耐压:≥10 MPa。

(5)整机耐压:0~5 MPa。

(6)实验压力范围:0~4 MPa。

(7)测压精度:±0.5%。

(8)重复性:±2%。

(9)压力测量相对误差:优于±3%(25~65 ℃),优于±5%(10~25 ℃)。

(10)临界温度测量误差:±1 ℃。

3. 实验目的

(1)测量不同温度下,流体的压力。

(2)观测临界乳光现象。

(3)根据不同的蒸气压方程,对压力与温度的关系进行非线性拟合。

（4）计算平均摩尔汽化热和正常沸点并验证楚顿规则。

（5）根据测量电路原理图连接温度、压力测量电路（选做）。

（6）抽取真空和充灌，并观察充灌过程中的液化现象（选做）。

4. 实验原理

（1）平衡相变的测量原理

当温度小于临界温度时，纯液体与其蒸气达到平衡时的蒸气压力称为该温度下液体的饱和蒸气压。当温度升高时，饱和蒸气压大体随温度呈指数关系上升，这主要与分子的动能有关。饱和蒸气压是重要的物性基础数据，常用于汽化热、升华热及相平衡关联等方面的计算。

饱和蒸气压的测量方法包括静态法、动态法、饱和气流法、雷德法、Knudsen 隙透法、参比法、色谱法、DSC 法等，其中静态法是目前最基本和最常用的方法。

本实验所采用的测量方法为静态法。将压力容器抽真空后充入被测物质，充入的被测物质在压力容器中处于气液两相共存的状态。待被测物质气液相温度稳定不变后，测量此时容器内的压力，即为被测物质在该温度时的饱和蒸气压。改变不同的温度，平衡后测量得到一系列的压力值（无特殊说明，后文中提到的压力，均为饱和蒸气压）。

（2）蒸气压方程

当纯物质（或称单组分系统）流体的气相和液相处于平衡态时，两相的化学势、温度以及压力相等，由此可以得到 Clapeyron 方程：

$$\frac{\mathrm{d}\ln p}{\mathrm{d}T}=\frac{\Delta_{\mathrm{vap}}H_{\mathrm{m}}}{RT^2} \tag{H.1}$$

其中，p 为蒸气压，T 为开氏温度，$\Delta_{\mathrm{vap}}H_{\mathrm{m}}$ 为液体的摩尔汽化热（即在某温度下蒸发 1 mol 纯液体所吸收的热量），$R=8.31$ J/(mol·K) 为摩尔气体常数。

在温度变化较小的范围内，$\Delta_{\mathrm{vap}}H_{\mathrm{m}}$ 可近似为常数，当作平均摩尔汽化热。式（H.1）积分得

$$\ln p=A-\frac{\Delta_{\mathrm{vap}}H_{\mathrm{m}}}{RT^2} \tag{H.2}$$

式（H.2）有时也称为 Clausius-Clapeyron 方程，其中 A 为常数。由此可以看出，以 $\ln p$ 对 $1/T$ 作图，得到一条直线，根据其斜率可以求出液体的平均摩尔汽化热。

Clausius-Clapeyron 方程是最简单的蒸气压方程，其在较小的温度范围内是一个相当理想的蒸气压方程，但不适用于大的温度范围。Antoine 对式（H.2）作了简单的改进，得到适合较广温度范围的 Antoine 蒸气压方程：

$$\ln p=A-\frac{B}{t+C} \tag{H.3}$$

其中，t 为摄氏温度，A、B、C 均为常数，称为安托因常数。

后来，Riedel 又提出了 Riedel 蒸气压方程：

$$\ln p=A+\frac{B}{T}+C\ln T+DT^6 \tag{H.4}$$

其中,A、B、C、D 均为常数,式中 T^6 项使方程可以描述高压区域内蒸气压曲线的转折点。

根据实验数据,将物质的饱和蒸气压拟合为温度的函数,可以得到上述常用的蒸气压方程。除此之外还有其他的蒸气压方程,如 Wagner 方程和 Ambrose-Walton 方程等,相对比较复杂,这里不再详述,感兴趣的话可以参见相关资料。

一定温度下,当液体的饱和蒸气压等于外界压力时,液体便沸腾,此时的温度称为沸点。外压不同时,液体沸点将相应地改变;当外压为常压,即 101.325 kPa 时,液体沸腾的温度称为该液体的正常沸点。关于摩尔汽化热有一个近似的规则称为楚顿规则(Trouton's Rule),即

$$\frac{\Delta_{vap}H_m}{T_b} \approx 88 \text{ J/(mol·K)} \qquad (\text{H}.5)$$

其中,T_b 是正常沸点。在液态中,若分子没有缔结现象,则能较好地符合此规则。此规则对极性大的液体或在 150 K 以下沸腾的液体因误差较大而不适用。

(3)临界现象

临界现象(Critical Phenomenon)是物质处在临界状态及其附近具有的特殊的物理性质和现象,一个是气、液模糊不清,另一个是临界乳光现象。

低于临界温度时,给气体加压到一定的程度,气体会液化,出现气液共存的状态。而在物质的临界点处,由于气、液相的密度趋于相同,两相折射率趋同,气液两相的界限将会消失,出现气液模糊不清的情况,也就是无法判断此时流体到底是气相还是液相。如图 H.2 所示。

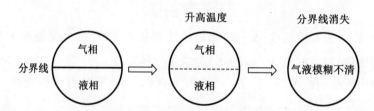

图 H.2 升温过程中气液相分界线的变化示意图

除了气、液两相模糊不清之外,在临界点附近,原来透明的气体或液体变得浑浊起来,如图 H.3 所示。这是由于临界点附近,流体密度涨落变化很大,照射于流体的光线被流体强烈散射,这种现象称为临界乳光现象。

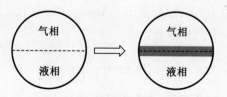

图 H.3 临界乳光现象示意图

5.仪器介绍

本产品执行标准号为:Q/9151011206008316XG·73。

仪器正常工作条件:温度为 0~40 ℃;相对湿度为 ≤90% RH;大气压强为 86 kPa ~ 106 kPa。

电源:~220 V/50 Hz。

(1)实验仪

实验仪包含上部的压力腔和下部的测试台。

①压力腔

压力腔是测量流体的饱和蒸气压的实验主体,如图 H.4 所示。

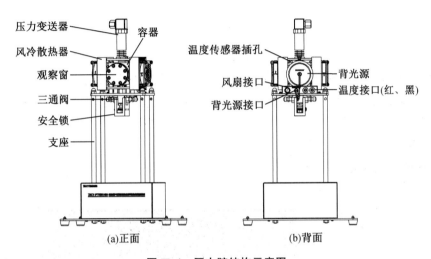

图 H.4　压力腔结构示意图

a. 容器

良导热腔体,前面开有观察窗(观察窗上有参考液位线),后面装有背光源,可清晰观察腔体内部的被测流体状态。

b. 压力变送器

安装在容器顶部,用于测量容器腔体内部的气压。

c. 温度传感器

通过容器上端的温度传感器插孔深入容器深处用于测量容器腔体壁上的温度。

d. 热电片

紧贴容器外部左右两个侧面对称布置有半导体热电片,通过热电片实现对容器及其内部流体的制冷和制热功能。当热电片的正负极(红正黑负,下同)与电源的正负极相同时,热电片紧贴容器的一面放热(另一面为吸热),对流体起加热作用;当热电片的正负极与电源的正负极相反时,热电片紧贴容器的一面吸热(另一面为放热),对流体起制冷作用。

e. 风冷散热器

风冷散热器的作用是通过风扇强制散热,将热电片另一面放出的热量尽快导出到环境中,以保证良好的制冷效果。

f. 三通阀

三通阀安装在容器底部,中间端口与容器腔体相连,其余两端任意一端与真空泵相连,则另一端与流体罐相连。图 H.5 为三通阀结构示意图。

(a)仅左端与中间端口连通　　(b)关闭　　(c)仅右端与中间端口连通

图 H.5　三通阀结构示意图

g. 安全锁

在流体充入腔体后,需将安全锁装在三通阀上,以防止误操作三通阀而导致流体泄露。

注意:当对流体进行制热时,容器表面温度较高,请勿触摸容器;当对流体进行制冷时,散热器表面温度较高,请勿触摸散热器;实验中需保持风扇正常运转,禁止异物进入风扇。

②测试台

a. 面板介绍

测试台前面板如图 H.6 所示。

彩色液晶触摸显示屏

图 H.6　测试台前面板图

前面板中部的 8 in(1 in＝2.54 cm)彩色液晶触摸屏是人机交互界面,可实时测量并显示压力腔体内部的压力、温度的数据以及二者与时间的动态关系曲线,可进行异常情况判断,具有超温超压保护、数据存储与查询,以及温度压力校准等功能。

后面板具有以下接口。

传感器接口:分别输入压力传感器和温度传感器信号。

温控电源接口:含有温控电源输出接口(红正黑负)和风扇电源输出接口。

背光电源接口:输出 DC12 V。

工作电源接口及其开关:~220 V/50 Hz。

b. 主界面

开机后点击"产品中心",再点击"饱和蒸气压测定和临界现象观测实验仪",进入主界面(点击屏幕右上角的返回图标可以返回上一界面)。主界面首先提示"请先确认环境温度",点击提示图案后,提示信息消失,然后点击"环境温度"数据输入框,进入数字键盘界面,输入当前环境温度数值后点击"√"退出数字键盘界面,更新环境温度。

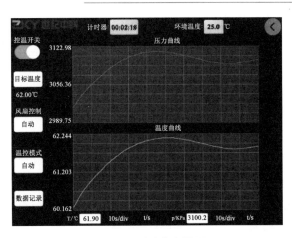

图 H.7　测试台主界面

主界面相关功能如下。

● 计时器:自动显示控温时间,即某目标温度下,"控温开关"处于开启状态的持续时间,以时分秒的形式显示××:××:××。

● 环境温度:需手动输入当前仪器所处环境的温度(实验过程中环境温度应相对稳定,波动一般不超过±2 ℃)。由于环境温度是程序自动判断目标温度、温控模式以及风扇控制是否矛盾而需要异常提示的依据,所以应准确输入环境温度。注:若仪器在当前环境中长时间未控温的情况下,压力腔与外界环境达到热平衡,可将此时由仪器温度传感器测得的温度作为环境温度(精确到 1 ℃即可)。

● 控温开关:当"环境温度""目标温度""风扇控制""温控模式"设置好后,点击"控温开关"可手动开启控温,控温过程中点击"控温开关"可手动关闭控温(此时温控电源输出关断)。注:若出现设置错误或仪器故障,屏幕在弹出提示图案的同时,后台也会自动关闭控温(点击提示图案待屏幕刷新后可见控温开关处于关闭状态,下同)。当目标温度设在环境温度±2 ℃以内时,无法启动控温。

● 目标温度:用于设置目标温度。点击"目标温度",弹出"目标温度设置"界面,其中显示的数据为拟设置目标温度,通过左右拖动滚动条可快速大间隔地改变目标温度,通过短按"+"或"−"可以步距 0.01 ℃地增加或减少目标温度,通过长按"+"或"−"可以步距 0.1 ℃地增加或减少目标温度。目标温度设置范围:10~80 ℃。设置完成后,若点击"确认"返回主界面并更新目标温度,若点击"取消"则不更新目标温度。

● 风扇控制:点击图标后有"自动""常开""关闭"三种模式可选。"自动"模式下,程序自动判断并控制风扇的开启或关闭,"常开"模式下,风扇一直开启,"关闭"模式下,风扇一直关闭。点击需要的模式后将返回主界面并更新风扇控制模式。实验中,一般将风扇控制设置为"自动"模式。注:控温开关开启时,无法改变风扇控制模式。

● 温控模式:点击图标后有"自动""加热""制冷"三种模式。"自动"模式下,程序自动判断并控制温控电源的电流方向,"加热"模式下,温控电源的电流方向为正向,"制冷"模式下,温控电源的电流方向为反向。点击需要的模式后将返回主界面并更新温控模式。实验中,一般将温控模式设置为"自动"模式。注:控温开关开启时,无法改变温控模式。

• 数据记录:点击图标弹出数据表格界面。点击"添加数据"表格中将增加该时刻的温度、压力、时间值,并自动为其添加序号。点击"顺序"或"倒序"可按序号递增或递减显示。点击选中某序号行,并点击"删除选中"可删除该序号行的数据,但不影响其他行的序号值。点击"清空数据"将清除当前表格中所有的数据。点击"返回"将返回主界面。

• 压力(或温度)曲线:该图像区域显示实时的压力(或温度)时间关系曲线。横坐标为时间,纵坐标为压力(或温度),且压力和温度曲线的测量及显示是同时的,纵坐标的范围根据曲线的波动情况进行适时调整。压力的单位是 kPa,温度的单位是 ℃。屏幕下方显示温度 T 和压力 p 的实时数据。显示的时间总长度可通过屏幕下方的时间间隔进行设置,时间间隔设置范围:10 s/div ~ 30 s/div,屏幕中共 12 div(格),即可显示的时间长度最短 2 min,最长 6 min。

• 其他:测试台具有超温保护和超压保护功能。当温度超过 85 ℃ 或压力超过 4 MPa 时,会提示"温度超限保护"或"压力超限保护",同时后台也会自动关闭控温。

测试台的相关异常及对策如表 H.2 所示。

表 H.2　测试台的相关异常及对策

序号	异常操作	异常现象	解决方案
1	温控电源反接,即温控电源端子为红接黑,黑接红	控温开启后,越发偏离目标温度,等待一会儿后,弹出"温控电源故障"提示图案,且关闭控温	交换端子,改为正接,即端子为红接红,黑接黑
2	目标温度设置在环境温度 ±2 ℃ 范围内	弹出"温控设置不正确"提示图案,且不启动控温	点击提示图案,并避免目标温度设置在环境温度 ±2 ℃ 范围内
3	目标温度>环境温度且控温模式为"制冷"	弹出"温控设置不正确"提示图案,且不启动控温	点击提示图案,并遵照目标温度>环境温度为制热,反之制冷
4	目标温度<环境温度且控温模式为"加热"	弹出"温控设置不正确"提示图案,且不启动控温	点击提示图案,并遵照目标温度>环境温度为制热,反之制冷
5	制冷时风扇为关闭模式	弹出"温控设置不正确"提示图案,且不启动控温	点击提示图案,并在制冷模式下风扇控制更改为常开或自动
6	制冷时或目标温度低于当前温度的制热时,风扇接头断开后启动控温,或启动控温后风扇接头断开	等待一会儿,弹出"风扇或供电故障"提示图案,且关闭控温	正常接通风扇接头
7	风扇堵转	弹出"风扇或供电故障"提示图案,且关闭控温	点击提示图案,并再排除堵转因素后再行实验
8	未开启控温时压力传感器接头断开	压力曲线不更新,且压力数值显示 0.0	重新连接压力传感器接头

表 H. 2（续）

序号	异常操作	异常现象	解决方案
9	开启控温时压力传感器接头断开	压力曲线不更新,且压力数值显示 0.0,弹出"压力传感器故障"提示图案,且关闭控温	点击提示图案,并重新连接压力传感器接头后再重新开启控温
10	未开启控温时温度传感器接头断开	温度曲线不更新,且压力数值显示 0.00	重新连接温度传感器接头
11	开启控温时温度传感器接头断开	温度曲线不更新,且温度数值显示 0.00,弹出"温度传感器故障"提示图案,且关闭控温	点击提示图案,并重新连接温度传感器接头后再重新开启控温
12	温度超过 85 ℃	弹出"温度超限保护"提示图案,且关闭控温	点击提示图案,并检查温度传感器探头是否在压力腔外被异常加热
13	压力超过 4 MPa	弹出"压力超限保护"提示图案,且关闭控温	点击提示图案,并降低目标温度
14	温度传感器探头未插入压力腔上的探测孔中	开启控温且温度传感器接头未断开,但温度无变化	及时将温度传感器探头插入压力腔上的探测孔中

（2）校准界面

在主界面长按数秒左上角的"ZKY 世纪中科"图标,可进入温度压强校准模式,类似图 H. 8。校准具体做法（供参考）如下。

①温度校准

将温度传感器埋入已知温度 T_1 的介质中（如水浴）,图 H. 8 表格中第二列显示当前由本仪器测出的温度,默认单位 ℃。点击"温度点 1"所指示的数据后弹出数字键盘界面,输入温度 T_1 的数值（默认单位 ℃）。然后升高介质温度至 T_2,类似地,点击"温度点 2"所指示的数据后弹出数字键盘界面,输入温度 T_2 的数值（默认单位 ℃）。

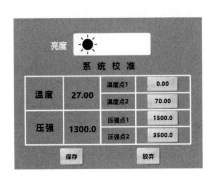

图 H. 8　系统校准界面

②压强校准

在压力腔内有待测流体的情况下将标准绝对压强表(用户自备,测量范围包含 $0\sim4$ MPa)通过三通阀的一个端口与压力腔相连。旋转三通阀,使标准压强表与压力腔连通,待压强显示数据 p_1 稳定(图 H.8 表格中第二列显示当前由本仪器测出的压强,默认单位 kPa)。点击"压强点 1"所指示的数据后弹出数字键盘界面,输入压强 p_1 的数值(默认单位 kPa)。然后旋转三通阀使另一端口(大气环境)与压力腔连通,即可排空流体,此时压力腔内压力接近大气压力。再次旋转三通阀,使标准压强表与压力腔连通,待压强显示数据 p_2 稳定,点击"压强点 2"所指示的数据后弹出数字键盘界面,输入压强 p_2 的数值(默认单位 kPa)。

此外,可通过水平拖动亮度条调节屏幕亮度。点击"保存"完成校准,点击"放弃"取消校准。

(3)真空泵

工作电源:~220 V/50 Hz。

真空泵的作用是利用配套的连接管对实验装置的容器腔体抽真空。连接管两端头不一样,使用时请注意区分。真空泵的具体详细使用方法请参见真空泵配套的使用说明书。

注意:使用前,油量应当保持在距离油窗底部 1/4~3/4;真空泵进气口与大气相通运转严禁超过 3 min;严禁使用真空泵直接抽取制冷剂,否则会损伤泵体。

(4)流体罐

流体罐的作用是利用配套的连接管将罐中的高压流体灌入实验装置的低压容器腔体内。连接管两端头不一样,使用时请注意区分。**注意:**流体罐上的阀门仅在充灌的时候才能打开,充灌完后须及时关闭阀门,防止制冷剂泄漏;请勿直接接触制冷剂,防止造成冻伤。

6.实验内容与步骤

实验前准备:

将 PT100 温度传感器探头插入容器上端的深孔底部,另一端接入测试台的温度传感器信号输入端口。将压力腔上的压力传感器连接线接入测试台的压力传感器信号输入端口。用连接线将压力腔背面的风扇接口与测试台上的风扇接口相连,压力腔的背光源也用相应连接线接入测试台的背光源电源接口。用单芯连接线将压力腔的温控电源接口与测试台的温控电源接口相连(红-红,黑-黑),将测试台接通电源,打开测试台背面的电源开关,点击触摸屏进入主界面,点击"请先确认环境温度"提示图案后,再点击"环境温度"输入并更新当前环境温度。此外主界面上温度和压力应正常显示。实验中风扇控制和温控模式均设置为"自动"。

说明:若压力腔体中无待测液体,或室温下液体体积较少,须排空后重新抽取真空并充灌。抽真空前须首先确保真空泵油量在距离油窗底部 1/4~3/4。

(1)抽取真空和充灌(选做)

①旋转三通阀手柄,将腔体与环境大气连通,使腔体内外气压平衡后关闭三通阀,此时测试台上压力显示数据约为大气压强。

②用连接管连接真空泵与三通阀的一个端口,在确保真空泵电源开关关闭的情况下接

附　录

入电源。

③确保流体罐阀门关闭的情况下,用连接管连接流体罐与三通阀剩余的一个端口。

④确保三通阀处于关闭状态。然后打开真空泵电源开关,并逐渐转动三通阀手柄,直至将容器腔体和真空泵完全连通,对腔体抽真空。

⑤待测试台上压力显示≤10 kPa 后,将三通阀手柄旋转 180°,将腔体和流体罐端连通(流体罐阀门为关闭状态),使连接管内的空气进入腔体。

⑥将三通阀手柄反向旋转 180°,继续对腔体抽真空。

⑦重复步骤⑤和步骤⑥数次,直至流体罐端连接管内的压力不再减小且稳定不变。

⑧转动三通阀手柄,使容器与流体罐连通,然后关闭真空泵电源。

⑨将测试台温控模式设置为"自动"、目标温度设置为 10.00 ℃,并启动控温。主界面上温度显示逐渐接近目标温度。

⑩在接近目标温度的过程中,即可打开流体罐阀门,让流体罐内的高压制冷剂气体进入腔体。此时注意观察制冷剂的液化过程。

⑪当制冷剂液体充入量达到观察窗上的参考液位线上方 3~5 mm 时,关闭三通阀,停止进样,并关闭流体罐阀门。

⑫充灌完成后,取下真空泵和流体罐的连接管并收纳,盖好三通阀两个接口和真空泵进气嘴,防止异物进入。断开真空泵电源连接线。**注意**:在取下流体罐连接管时,由于连接管内残留有高压制冷剂,会出现类似放气的情况,这是正常现象。

⑬然后将目标温度设置到临界温度附近(参考值 66.0 ℃,以出现临界乳光现象时的温度为准)再启动控温。主界面上温度显示逐渐接近目标温度。

⑭在出现临界乳光现象时可能需要通过缓慢旋转三通阀进行缓慢放气与及时关闭三通阀操作,直到再次出现临界乳光现象时上层深色部分与下层透明部分的分界面位于参考线附近±2 mm 范围内,然后安装安全锁,防止误操作,并用塑料盖盖住三通阀两个端口。

⑮若此后不进行后续饱和蒸气压测量实验,则可关闭工作电源开关。

(2)测量不同温度下,流体的压力

①将温控模式设置为"自动"、目标温度设置为 10.00 ℃,并启动控温。此时主界面上温度显示逐渐接近目标温度。

②待温度和压力基本稳定(当 2 min 内温度曲线波动偏离平均值在±0.01 ℃以内可视为稳定),将压力记入表 H.3。

③然后以一定温度间隔(推荐 5.00 ℃)依次改变目标温度,并重复步骤②(注:目标温度需避开环境温度±2 ℃内),直到 65.00 ℃。

④将不同温度下的实测压力值与参考值对比,计算相对误差,绘制 p-T 关系曲线,并根据 Antoine 和 Riedel 蒸气压方程,利用相关软件(如 1stOpt)对实验数据进行非线性拟合,得到方程中的各个系数。类似地,根据 Clausius-Clapeyron 方程计算流体的平均摩尔汽化热和正常沸点,并验证楚顿规则(注:平均摩尔汽化热参考值 19 803 J/mol,正常沸点参考值 225.06 K)。

在实验过程中,既可以观察到低温时流体液体内部强烈的汽化现象(沸腾),也可以观察到高温时流体蒸气的液化现象。并注意观察气-液相分界面的变化情况。

注意：制冷时容器外壁因环境中的水蒸气冷凝而结水，同时观察窗也会因起雾而变得模糊，故在环境湿度较大的时候不宜长时间进行制冷实验。温度升高后可以除雾。

（3）观测临界乳光现象

在前一实验基础上，减小温度间隔（推荐 0.50 ℃）继续升温，注意观察流体气-液两相分界面的变化情况，将观察到随着温度继续升高分界面越来越模糊，且在此过程中分界面附近开始出现颜色的变化，产生临界乳光现象。最后在某一温度下分界面恰好消失，将此时的温度和压力值记入表 H.4，即为流体的临界温度和对应的饱和蒸气压。注：在临界温度附近可以根据需要进一步减小温度间隔，以测得更准确的临界参数。

实验完成后，关闭工作电源开关。

7. 数据记录（表 H.3、表 H.4）

表 H.3　流体的压力与温度的关系

流体：R125 制冷剂

温度 T（℃）	压力参考值 p_0（MPa）	压力实测值 p（MPa）	相对误差
10.00	0.909		
15.00	1.049		
20.00	1.205		
25.00	1.378		
30.00	1.569		
35.00	1.778		
40.00	2.009		
45.00	2.261		
50.00	2.537		
55.00	2.839		
60.00	3.170		
65.00	3.537		

表 H.4　临界温度及其饱和蒸气压

流体：R125 制冷剂

临界温度参考值 T_{c0}（℃）	临界温度实测值 T_c（℃）	临界温度绝对误差（℃）	临界时的饱和蒸气压参考值 p_{c0}（MPa）	临界时的饱和蒸气压实测值 p（MPa）	临界时的饱和蒸气压相对误差
66.02			3.618		

8. 维护和修理

（1）产品应贮存在干燥、通风、无腐蚀性气体、无强日晒、无强电磁场的室内。

（2）连接交流电源,不能实现开机(显示屏不亮),请检查保险丝是否完好。

（3）请保持观察窗洁净,避免硬物划伤或刮花,影响观察。

（4）连接管不用时请装入干净密封袋中保存,避免污染物进入连接管。

（5）充灌完成后,请用塑料盖盖住三通阀的两个端口,避免污染物进入三通阀。

（6）若发现其他疑难故障请和厂家联系。

9. 测量数据及数据处理示例

（1）实验时间:2019-07-10。

（2）实验条件:室温 28 ℃。

根据表 H. 5 绘制实测 p-T 关系曲线如图 H. 9 所示。

表 H. 5　流体的压力与温度的关系

流体:R125 制冷剂

温度 T（℃）	压力参考值 p_0（MPa）	压力实测值 p（MPa）	相对误差
10. 00	0. 909	0. 919	1. 1%
15. 00	1. 049	1. 047	−0. 2%
20. 00	1. 205	1. 188	−1. 4%
25. 00	1. 378	1. 343	−2. 5%
30. 00	1. 569	1. 540	−1. 8%
35. 00	1. 778	1. 743	−2. 0%
40. 00	2. 009	1. 978	−1. 5%
45. 00	2. 261	2. 232	−1. 3%
50. 00	2. 537	2. 517	−0. 8%
55. 00	2. 839	2. 836	−0. 1%
60. 00	3. 170	3. 189	0. 6%
65. 00	3. 537	3. 580	1. 2%

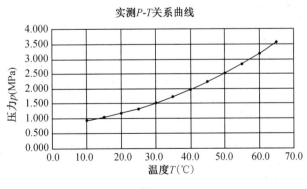

图 H. 9

由图 H. 9 可知,在实验温度范围内,随着温度升高,压力逐渐增大,且压力变化率越大。

工程热力学实验

在实验温度范围内,仪器的压力测量值与参考值的误差均在±3%内。在温度较低时,在液体内部出现了沸腾现象。在升温过程中,在气相顶部会观察到液化现象,这是由于小孔顶部安装了压力传感器,蒸气进入小孔内部,由于压力传感器温度较低,所以这部分蒸气液化后流了下来。在温度低于65 ℃的实验过程中,气液两相的分界面还是非常的明显。

在1stOpt软件的命令编辑窗口中分别输入下列程序,如图H.10所示。

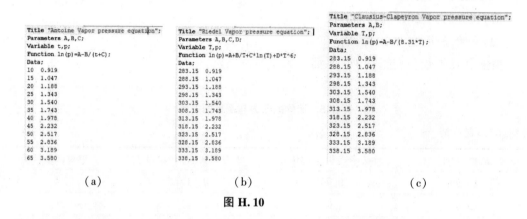

(a)　　　　　　　　(b)　　　　　　　　(c)

图 H. 10

点击"执行计算"后,得到:非线性拟合 Antoine 方程的相关系数的平方 R2:0.999 99,相应拟合系数见表 H.6。

表 H. 6　非线性拟合 Antoine 方程的相应拟合系数

Antoine 方程系数	A	B	C
数值	21. 441 88	17 504. 739 0	803. 079

非线性拟合 Riedel 方程的相关系数的平方 R2:0.999 99,相应拟合系数见表 H.7。

表 H. 7　非线性拟合 Riedel 方程的相应拟合系数

Riedel 方程系数	A	B	C	D
数值	−143. 073 86	4 090. 623 9	22. 799	−3. 456

非线性拟合 Clausius-Clapeyron 方程的相关系数的平方 R2:0.999 75,相应拟合系数如表 H.8 所示。

表 H. 8　非线性拟合 Clausius-Clapeyron 方程的相应拟合系数

Clausius-Clapeyron 方程系数	A	B
数值	8. 279 87	19 742

故平均摩尔汽化热 $\Delta_{vap}H_m = B = 19\ 742(\text{J/mol})$，与参考值 19 803 J/mol 的相对误差仅差 0.30%。

将常压 $p = 0.101\ 325$ MPa 带入拟合得到的 Clausius-Clapeyron 方程中，可以计算出正常沸点 $T_b = 224.78$ K，与 R125 的正常沸点参考值 225.06 K 的相对误差仅差 0.12%。

$\Delta_{vap}H_m/T_b = 87.8$ J/(mol·K)，与楚顿规则的结果约 88 J/(mol·K)符合得很好，验证了楚顿规则。

临界温度及其饱和蒸气压如表 11.9 所示。

表 H.9　临界温度及其饱和蒸气压

流体:R125 制冷剂

临界温度参考值 T_c0（℃）	临界温度实测值 T_c（℃）	临界温度绝对误差（℃）	临界时的饱和蒸气压参考值 p_{c0}（MPa）	临界时的饱和蒸气压实测值 p（MPa）	临界时的饱和蒸气压相对误差
66.02	66.21	0.19	3.618	3.676	1.7%

在温度接近流体的临界温度时,可以看到气液相的分界面相比于之前已经没有那么清晰了,如图 H.11(a)所示;继续升温,气液相的分界面越来越模糊,可以看见流体呈现较浅的黄色,这就是临界乳光现象,如图 H.11(b)所示;现象越来越明显,气液相之间出现了一条带状的黄颜色,这个时候流体对光的散射作用变得很强。继续升温观察到气液相之间的分界面已经消失了,无法判断此时的流体到底是处于液相还是气相。此时便是临界状态,对应温度为临界温度。再继续升温,进入超临界状态(温度和压力均处于临界点以上),此时的流体基本上仍是一种气体,但又不同于一般的气体,是一种稠密的气体,其密度与液体相近,如图 H.11(c)所示。

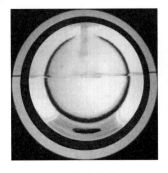  

(a)临界点前　　　　　(b)临界乳光现象　　　　　(c)超临界

图 H.11　临界乳光现象